Subhashish Dey
G.T.N. VEERENDRA

Síntese de biossorventes para a remoção de contaminantes da água

Subhashish Dey
G.T.N. VEERENDRA

Síntese de biossorventes para a remoção de contaminantes da água

Aplicação de biossorventes para a remoção de substâncias químicas inorgânicas químicos inorgânicos da água

ScienciaScripts

Imprint
Any brand names and product names mentioned in this book are subject to trademark, brand or patent protection and are trademarks or registered trademarks of their respective holders. The use of brand names, product names, common names, trade names, product descriptions etc. even without a particular marking in this work is in no way to be construed to mean that such names may be regarded as unrestricted in respect of trademark and brand protection legislation and could thus be used by anyone.

Cover image: www.ingimage.com

This book is a translation from the original published under ISBN 978-620-7-65288-4.

Publisher:
Sciencia Scripts
is a trademark of
Dodo Books Indian Ocean Ltd. and OmniScriptum S.R.L publishing group

120 High Road, East Finchley, London, N2 9ED, United Kingdom
Str. Armeneasca 28/1, office 1, Chisinau MD-2012, Republic of Moldova, Europe
Printed at: see last page
ISBN: 978-620-7-98354-4

RECONHECIMENTO

Com um profundo sentido de gratidão, agradecemos sinceramente ao **Dr. SUBHASHISH DEY**, Professor Assistente, pelo seu apoio, sugestões, empenho e dedicação ao longo de todo o projeto. O seu cuidado incondicional, a sua supervisão meticulosa, a sua interpretação brilhante e a sua sabedoria alegre deram-nos a inspiração necessária. Ficamos-lhe gratos pelo extraordinário cuidado e preocupação que nos dispensou.

É com grande satisfação que estendo a minha sincera gratidão ao **Dr. A. SREENIVASULU**, diretor do departamento de engenharia civil, pelo seu encorajamento durante todo o estágio. As suas anotações e críticas estão na origem da conclusão bem sucedida do projeto. Gostaríamos de aproveitar a oportunidade para expressar o meu profundo sentimento de gratidão ao nosso diretor **Dr. G.V.S.**
N.R.V. Prasad por ter proporcionado todas as facilidades necessárias.

Os nossos sinceros agradecimentos ao **Dr. SRK Reddy**, professor do departamento de engenharia civil e conselheiro da direção, pelo seu valioso apoio e sugestões que muito contribuíram para o bom desempenho do relatório.

Por último, gostaríamos de agradecer a todos os que, direta ou indiretamente, me ajudaram a concluir o nosso relatório.

ÍNDICE

RESUMO

A aplicação de bioabsorventes para a remoção de materiais inorgânicos da remediação da água envolve a reutilização de vários materiais descartados para criar soluções eficientes e sustentáveis. Através de abordagens inovadoras, materiais residuais, como resíduos de flores domésticas e resíduos de templos, são transformados em biossorventes capazes de remover contaminantes tóxicos de fontes de água. Este processo contribui para a gestão dos resíduos e para a proteção do ambiente. Para este teste, preparamos pós de Rosa, Hibisco, Maria dourada, Tecoma stans, Crisântemo. Em seguida, calcular os 8 parâmetros cloretos, dureza, ferro, fósforo, amoníaco, nitratos, sulfatos e floretos na água. Medir o estudo cinético do processo de otimização dos melhores bioabsorventes. O estudo tem como objetivo contribuir para o avanço das tecnologias verdes para a purificação da água através da reutilização de resíduos sólidos em recursos valiosos.

O resumo explora as diversas fontes de biossorventes, destacando a sua relação custo-eficácia e o seu carácter ecológico. O estudo aprofunda os métodos de síntese, salientando a importância de otimizar as condições para melhorar as capacidades de sorção. As caraterísticas estruturais e químicas dos bio sorventes desempenham um papel fundamental na sua capacidade de absorver uma vasta gama de poluentes. O resumo sublinha a importância de compreender a cinética, as isotérmicas e a termodinâmica na avaliação do desempenho dos biossorventes. Além disso, a investigação discute a potencial aplicação destes biossorventes em cenários do mundo real, abordando desafios e propondo soluções escaláveis para o tratamento de água em grande escala.

CAPÍTULO-1 INTRODUÇÃO

ÁGUA TRATAMENTO:

A água é um dos recursos mais importantes que se encontra em cerca de 75% da crosta terrestre. A água tornou-se um produto importante para o desenvolvimento humano programado e a sua caraterística está em perigo devido à contaminação. A qualidade da água altera-se com as variações sazonais. Estas mudanças sazonais podem ter impactos positivos e prejudiciais na qualidade da água. As diferentes estações do ano têm diversas variações de temperatura que lhes são atribuídas. Juntamente com a temperatura, todos os outros parâmetros físicos e químicos da água flutuam com a variação das estações. A monitorização da qualidade da água é essencial para a segurança ambiental. O exame da qualidade da água e a medição dos parâmetros físico-químicos são importantes para conservar e defender o ecossistema natural. A análise de vários parâmetros de qualidade da água ajuda a compreender as medidas metabólicas do sistema aquático. Certos parâmetros como a dureza, os nitratos, os sulfatos, os cloretos, o amónio, os fosfatos, o ferro e o flúor são necessários para compreender a presença e a distribuição da flora e da fauna ao longo do tempo.

As caraterísticas de qualidade da água oferecem a base para a análise da adequação da água a diferentes utilizações e melhoram as condições actuais. Para um maior desenvolvimento e análise da qualidade da água para mais utilizações, é necessário investigar os parâmetros físico-químicos. Nos vários recursos de água doce, os rios são as principais linhas de vida da nossa sociedade, a economia e a contaminação rigorosa da água é progressivamente mais formação do que morte. A poluição de quaisquer recursos hídricos, como rios, lagoas e lagos, afecta inicialmente a sua qualidade química e destrói progressivamente a comunidade, perturbando a delicada teia alimentar. Na Índia, 70% da água atual está contaminada. A principal causa de contaminação é reconhecida, uma vez que os esgotos contêm 84-92% das águas residuais. As águas industriais poluídas contêm 8-16%. As águas residuais domésticas que são descarregadas das casas produzem várias doenças transmitidas pela água, como a febre tifoide, a cólera, a disenteria e a poliomielite, afectando assim a saúde humana e deteriorando a qualidade da água.

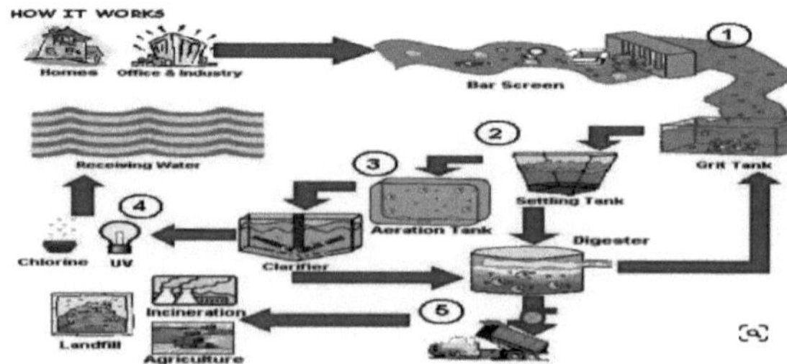

Fig-1 Tratamento de água

Em contrapartida, os produtos de flores secas são duradouros e mantêm o seu valor estético independentemente da estação do ano. A secagem de flores é uma prática extremamente antiga. Historicamente, os botânicos utilizavam flores preservadas sob a forma de um herbário para identificar diferentes espécies.

Várias flores e folhagens respondem bem à secagem, incluindo a anémona, a zínia, os alliums, o William doce, o cravo, o stock, a frésia, o narciso, o crisântemo, o amor-perfeito, os narcisos, a calêndula, a rosa, os lírios, etc. As partes vegetais desidratadas podem ser dispostas esteticamente e cobertas com plástico ou vidro transparente para as proteger da humidade atmosférica, do vento e do pólen. A incorporação de flores secas em blocos ou folhas transparentes permite criar objectos para venda, tais como pesos de papel, pingentes e tampos de mesa. Por conseguinte, as flores dessecadas têm uma vantagem sobre as flores cortadas, que são normalmente utilizadas para decorar casas e escritórios, porque podem permanecer decorativas durante longos períodos de tempo com menos cuidados. Os poluentes e a matéria orgânica em decomposição nas águas residuais consomem oxigénio dissolvido, enquanto os nutrientes em excesso, como o fósforo e o azoto, provocam a eutrofização, que promove o crescimento excessivo das plantas e esgota o fornecimento de oxigénio à massa de água. Além disso, bactérias, vírus e agentes patogénicos causadores de doenças poluem as praias e contaminam as populações de moluscos, resultando em restrições à recreação humana e ao consumo de água potável. Os processos dependentes e independentes do metabolismo também podem resultar na deposição de grandes quantidades de metais e induzir o stress oxidativo, desencadeando a resposta dos radicais livres (Das et al., 2008, Kalyani et al., 2004).utilizadores, que são normalmente muito inferiores ao ponto de ebulição do adsorvente.

MATERIAL INORGÂNICO

Os inorgânicos podem incluir uma combinação de metais, sais, compostos, partículas e complexos minerais que não contêm carbono; os compostos de carbono são orgânicos. Os contaminantes inorgânicos incluem elementos ou compostos naturais ou produzidos pelo homem que podem contaminar a água ou concentrar-se no ciclo da água. A água não é H_20 puro; alguns dos contaminantes ou condições mais comuns incluem dióxido de carbono e outros gases, sais como Cloreto, Sódio, Carbonato, Alcalinidade, Cálcio, Potássio, Ferro e Manganês. Na sua maioria, os contaminantes inorgânicos criam problemas estéticos, tais como: um sabor salgado ou amargo, descoloração ou mesmo incrustações/corrosão química. Existem alguns metais e elementos vestigiais que são tóxicos.

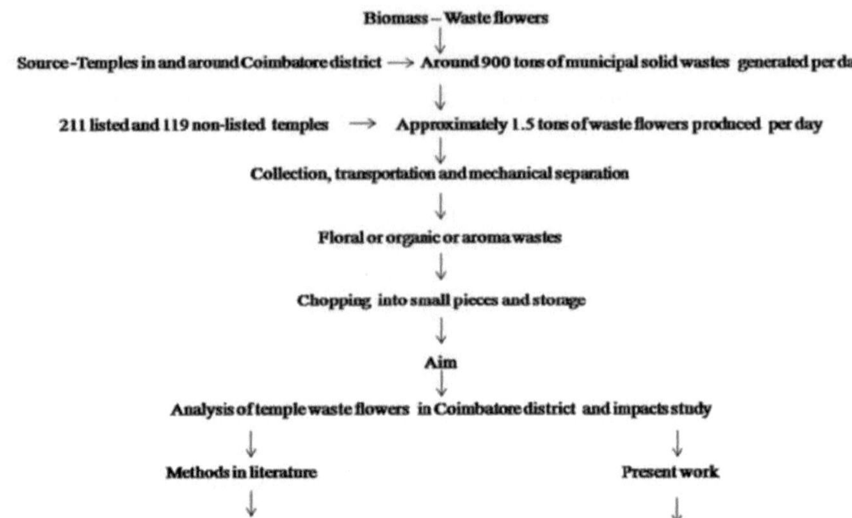

Composting, Vermicomposting, Dyes extraction, Extraction of essential oils, Making of holi colours, Bio-gas generation, Incense sticks, Handmade papers, including cow feed etc.

Wastes flowers(10Kg) converted into activated carbon(2.9Kg)) by acid process and removal of dyes from textile dyeing effluent.

Fig -2 Materiais inorgânicos

FONTES:

xistem vários métodos para remover diferentes contaminantes da água. Eis alguns métodos comuns e os contaminantes a que se destinam:

Cloretos: A osmose inversa, a destilação, a permuta iónica e a filtração com alumina activada podem ser eficazes na remoção de cloretos da água.

A gama de teores de cloretos nas águas residuais descarregadas por determinadas indústrias

Indústrias	**Origem das águas residuais**	**Teor de cloreto (Cl^-, mg/L)**	**Mediana** (Cl^-, mg/L)
Fábrica metalúrgica	As fundições de ferro lavam as águas residuais	100.0-600.0	350.0
Fábrica metalúrgica	Esgotos da produção de nylon	475.0-3340.0	1907.5
Indústria petroquímica	Esgoto de borracha sintética	2670.0-2800.0	2735.0
Indústria petroquímica	Esgoto de butadieno	1277.0-1350.0	1313.5
Indústria petroquímica	Esgotos de borracha de etileno-propileno	361.0-602.0	481.5

Fábrica de impressão e de tingimento	Vapor de esgoto	103.3-168.1	135.7
Curtume	Águas residuais de curtume de cromite	215,000.0	-

Tabela No-1: Propriedades dos cloretos

Nome do imóvel	Valor do imóvel	Nome do imóvel	Valor do imóvel
Número CAS	16887-00-6	Std molar entropia (S⊖298)	153,36 J-K-1-mol-1
Referência Beilstein	3587171	Referência Gmelin	14910
Massa molar	35,45 g-mol-1	Entalpia padrão de Formação	-167 kJ-mol-1

Sulfatos: A osmose inversa, a destilação e a permuta iónica são normalmente utilizadas para remover sulfatos da água.

Quadro n.o 2: propriedade dos sulfatos

Nome do imóvel	Valor do imóvel	Nome do imóvel	Valor do imóvel
Fórmula química	SO4^-2	Massa molar	96,06 g- mol-1
Ponto de ebulição	623.89°C	Ponto de fusão	270.47°C

Nitratos: A osmose inversa, a permuta iónica e a desnitrificação biológica são métodos eficazes para remover os nitratos da água.

Quadro n.º 3: Propriedades dos nitratos

Nome do imóvel	Valor do imóvel	Nome do imóvel	Valor do imóvel
Fórmula química	NO3	Massa molar	62,004 g-mol-1
Ácido conjugado	Ácido nítrico	Ponto de ebulição	-183.0°C
Ponto de fusão	218.4°C	Peso molecular	46,005G/mol

Fosfatos: A coagulação/floculação, a permuta iónica e a adsorção em alumina activada ou carvão ativado são normalmente utilizadas para remover os fosfatos da água.

Quadro No-4: Propriedade dos fosfatos

Nome do imóvel	Valor do imóvel	Imóveis nome	Valor do imóvel
Ponto de ebulição	branco: 553,7 K (280,5 °C, 536,9 °F)	Ponto de fusão	branco: 317,3 K (44,15 °C), 111.5 °F)
Densidade	branco: 1,823 g/cm3 vermelho: ≈2,2-2,34 g/cm3 violeta: 2,36 g/cm3 preto: 2,69 g/cm3	Calor de fusão	branco: 0,66 kJ/mol
Calor de vaporização	branco: 51,9 kJ/mol	Calor molar capacidade	branco: 23,824 J/(mol-K)

Térmica condutividade	branco: 0,236 W/(m·K)	Número CAS	7723-14-0 (vermelho) 12185-10-3 (branco)

Dureza: Os métodos de amaciamento da água, como a permuta iónica, o amaciamento com cal e a osmose inversa, podem remover iões causadores de dureza, como o cálcio e o magnésio.

Tabela No-5: Propriedades de dureza

Nome do imóvel	**Valor correto**
Suave	Menos de 60 mg/L ou ppm
Ligeiramente duro	60 - 120 mg/L ou ppm
Moderadamente duro	120 - 180 mg/L ou ppm
Difícil	180 - 250 mg/L ou ppm
Muito difícil	Superior a 250 mg/L ou ppm

Ferro: A oxidação seguida de filtração, a permuta iónica e a filtração por meios catalíticos são eficazes na remoção do ferro da água.

Quadro n.º 6: Propriedades do ferro

Nome do imóvel	**Valor do imóvel**	**Nome do imóvel**	**Valor do imóvel**
Ponto de fusão	1811 K (1538 °C, 2800 °F)	Ponto de ebulição	3134 K (2861 °C, 5182 °F)
Densidade (próximo de r.t.)	7,874 g/cm3	Calor de fusão	13,81 kJ/mol
Calor de vaporização	340 kJ/mol	Capacidade térmica molar	25,10 J/(mol-K)

Amoníaco: Os processos biológicos de nitrificação-desnitrificação, a permuta iónica e os processos avançados de oxidação são normalmente utilizados para remover o amoníaco da água.

Quadro n.º 7: Propriedades do amoníaco

Nome do imóvel	**Valor do imóvel**	**Nome do imóvel**	**Valor do imóvel**
Fórmula química	NH3	Massa molar	17,031 g-mol-1

Densidade	0,86 kg/m3 (1,013 bar no ponto de ebulição) 0,769 kg/m3 (STP)[2] 0,73 kg/m3 (1,013 bar a 15 °C) 0,6819 g/cm3 a -33,3 °C (líquido)[3] Ver também Amoníaco (página de dados) 0,817 g/cm3 a -80 °C (sólido transparente)	Ponto de fusão	-77.73 °C (-107.91 °F; 195,42 K) (Ponto triplo em 6,060 kPa, 195,4 K)
Ponto de ebulição	-33.34 °C (-28.01 °F; 239,81 K)	Solubilidade em água	47% w/w (0 °C) 31% w/w (25 °C) 18% w/w (50 °C)[5]

Fluoretos: A alumina activada, o carvão de osso e a osmose inversa são métodos eficazes para remover os fluoretos da água.

Quadro No-8: Propriedades dos fluoretos

Nome do imóvel	**Valor do imóvel**	**Nome do imóvel**	**Valor do imóvel**
Ponto de fusão	53,48 K (-219,67 °C, -363,41 °F)	Ponto de ebulição	85,03 K (-188,11 °C, -306.60 °F
Densidade (a STP)	1,696 g/L[5]	Ponto triplo	53,48 K, .252 kPa
Ponto crítico	144,41 K, 5,1724 MPa	Calor de vaporização	6,51 kJ/mol
Calor molar capacidade	Cp: 31 J/(mol-K)[6] (a 21,1 °C) Cv:23J/(mol-K)[6] (a 21,1 °C)	Térmica condutividade	0,02591 W/(m·K)

Para aplicações específicas e requisitos de qualidade da água, recomenda-se a consulta de um profissional de tratamento de água ou a consulta de literatura científica sobre tratamento de água. Além disso, os organismos governamentais ou reguladores fornecem frequentemente diretrizes e recursos para métodos de tratamento de água.

HUMANO EFEITOS

❖ **EFEITOS DO SÓLIDO QUÍMICO:**

Os biossorventes, incluindo cloretos, sulfatos, nitratos, fosfatos, dureza, ferro, amoníaco e fluoretos, podem ter vários efeitos, dependendo da sua concentração e do material biossorvente específico utilizado. Seguem-se alguns efeitos gerais:

Purificação da água: Os biossorventes podem ser utilizados para remover contaminantes da água, tais como metais pesados (como o ferro), amoníaco e fluoretos, melhorando a qualidade e a segurança da água.

Remoção de nutrientes: Os fosfatos e os nitratos são nutrientes comuns nas massas de água que podem levar à eutrofização, provocando o crescimento excessivo de algas e esgotando os níveis de oxigénio. Os biossorventes podem ajudar a remover estes nutrientes, atenuando a eutrofização.

Reduzir a dureza: A elevada dureza da água, frequentemente causada por iões de cálcio e magnésio, pode levar à formação de incrustações nas tubagens e nos aparelhos. Os biossorventes podem ajudar a reduzir a dureza da água, evitando problemas de incrustação.

Redução da toxicidade: Os cloretos, sulfatos e certos metais pesados, como o ferro, podem ser tóxicos para os organismos aquáticos em concentrações elevadas. Os biossorventes podem ajudar a reduzir a toxicidade destas substâncias, adsorvendo-as da água.

Em geral, os biossorventes oferecem uma abordagem sustentável e amiga do ambiente para o tratamento da água, utilizando materiais naturais para remover contaminantes e melhorar a qualidade da água. No entanto, a eficácia dos biossorventes pode variar em função de factores como os contaminantes específicos presentes, os níveis de concentração e as caraterísticas do material biossorvente utilizado.

TRATAMENTO:

O tratamento de bio sorventes para a remoção de vários contaminantes envolve normalmente várias etapas:

1. **Preparação:** O material bio sorvente, que pode ser derivado de resíduos agrícolas, bactérias, fungos ou outras fontes naturais, tem de ser preparado e processado para melhorar as suas capacidades de adsorção.
2. **Ativação**: Os processos de ativação, como a ativação física (por exemplo, aquecimento, trituração) ou a ativação química (por exemplo, tratamento com ácidos, bases ou agentes oxidantes), podem aumentar a área de superfície e a porosidade do biossorvente, melhorando a sua capacidade de adsorção.
3. **Funcionalização:** Podem ser introduzidos grupos funcionais na superfície do bio sorvente para aumentar a sua afinidade com contaminantes específicos. Por exemplo, a introdução de grupos amino, carboxilo ou hidroxilo pode melhorar a capacidade do biossorvente para adsorver metais ou aniões.
4. **Regeneração:** Depois de o biossorvente ter sido saturado com contaminantes, pode frequentemente ser regenerado para reutilização. Isto envolve normalmente a dessorção dos contaminantes adsorvidos utilizando eluentes adequados ou soluções de regeneração.

Cada contaminante pode exigir condições e técnicas de tratamento específicas, adaptadas às suas propriedades químicas e considerações ambientais. Além disso, a escolha do biossorvente e do método de tratamento depende de factores como a relação custo-eficácia, a disponibilidade e a possibilidade de expansão para aplicações práticas.

BIOSORBENTES

Os biossorventes são materiais biológicos utilizados para remover passivamente os poluentes de uma solução. Incluem biomateriais como resíduos agrícolas, algas, bactérias e resíduos industriais. Têm vindo a receber uma atenção encorajadora porque são de fontes renováveis, baratos, biodegradáveis e, após utilização completa, não geram contaminantes secundários. Sendo biológicos, contêm muitos grupos funcionais, o que constitui a força motriz da interação hidrofóbica que exibem durante o processo de sorção, que depende principalmente do pH. Muitos materiais naturais têm sido sugeridos como biossorventes promissores para a remoção de poluentes na água. Estes materiais podem ser biomassa microbiana inativa ou morta, bem como microrganismos vivos. O mecanismo pelo qual isto é conseguido é totalmente compreendido para alguns biossorventes, enquanto outros requerem um estudo mais pormenorizado. No entanto, a toxicidade de alguns destes biomateriais continua a ser um tema de discussão, que também requer um estudo pormenorizado.

Tipos de biosorventes:

A identificação de biossorventes para o processo de biossorção é um grande desafio. É desejável desenvolver/obter biossorventes com capacidade para ligar/absorver iões metálicos com maior afinidade. Uma grande variedade de materiais disponíveis na natureza pode ser utilizada como biossorventes para a remoção de metais de recursos hídricos contaminados. Qualquer tipo de biomassa vegetal, animal e microbiana e seus derivados; resíduos vegetais, industriais e agrícolas; e subprodutos descarregados de várias indústrias podem ser utilizados como biossorventes. É importante selecionar um biossorvente de entre o vasto espetro de materiais disponíveis.

As caraterísticas desejadas de um biossorvente ideal são :

- elevada afinidade por metais (capacidade de biossorção)
- baixos valores económicos (baixo custo)
- disponibilidade em grandes quantidades
- fácil dessorção dos iões metálicos adsorvidos e possível reutilização múltipla do biossorvente

A utilização de diferentes materiais como biossorventes é explicada em pormenor:

BIO-ADSORVENTES:

A contaminação dos ecossistemas aquáticos por metais pesados tornou-se um problema nas últimas décadas. A procura de novas tecnologias para a remoção de metais tóxicos das águas residuais tem-se centrado na biossorção, que se baseia nas capacidades de ligação de metais de vários materiais biológicos. O processo de biossorção consiste numa fase sólida (sorvente ou biossorvente; material biológico) e numa fase líquida (solvente, normalmente água) que contém uma espécie dissolvida a ser sorvida (sorbato, iões metálicos). Na Índia, a contaminação dos ecossistemas aquáticos por metais pesados tornou-se um problema nas últimas décadas. A biossorção é a capacidade de os materiais biológicos acumularem metais pesados de águas residuais através de vias de assimilação metabolicamente mediadas ou físico-químicas. Na nossa experiência, foram utilizados cinco adsorventes distintos para remover eficazmente os metais pesados da água, a maioria dos quais se encontrava na água de efluentes industriais.

BIOABSORVENTES:

Remoção de bioabsorventes como pós de flores secas da água. Utilizando um filtro de malha fina ou papel de filtro para separar fisicamente os bioabsorventes da água. Deixando que os bioabsorventes se depositem no fundo de um recipiente por gravidade e, em seguida, decantando cuidadosamente ou retirando a água limpa do topo. Utilizar uma centrifugadora para centrifugar a mistura de água e bioabsorventes a alta velocidade, fazendo com que os bioabsorventes se separem e formem um pellet no fundo do tubo. Adição de produtos químicos como alúmen ou polímeros à água para se ligarem aos bioabsorventes, fazendo com que se aglomerem e se depositem mais facilmente na água. Utilização de substâncias como o carvão ativado ou enzimas específicas para se ligarem quimicamente aos bioabsorventes e facilitarem a sua remoção da água. Passagem da água através de uma membrana que permite seletivamente a passagem das moléculas de água, retendo as partículas maiores, como os bioabsorventes. A escolha do método depende de factores como a natureza dos bioabsorventes, o volume de água e os recursos e conhecimentos disponíveis.

BIO-SORVENTE PARA ÁGUAS FLORAIS:

As malmequeres são originárias da América subtropical e são cultivadas no México há mais de dois mil anos. As cultivares de calêndula são normalmente comercializadas como uma série com caraterísticas de crescimento comparáveis e uma grande variedade de tonalidades. Os alvos são um género de plantas anuais ou perenes, predominantemente herbáceas, relacionadas com o girassol. O género target foi descrito por Carl Linnaeus em 1753 e várias espécies foram naturalizadas em todo o mundo. Estes malmequeres atingem alturas de 12 a 16 polegadas. Os malmequeres franceses são minúsculos.

Mari gold:

A calêndula é uma flor. Género de cerca de 50 espécies de ervas anuais da família das ásteres (Asteraceae), nativas do sudoeste da América do Norte, da América tropical e da América do Sul. O nome calêndula também se refere à calêndula (género Calendula) e a plantas não relacionadas de várias famílias. O extrato continha 93% de pigmentos utilizáveis (detectados a 450 nm), constituídos por todos os isómeros trans e cis da zeaxantina (5%), todos os isómeros trans e cis da luteína e ésteres de luteína (88%).

Hibisco:

O hibisco é um género de plantas com flores da família das malvas, Malvaceae. O género é bastante grande, compreendendo várias centenas de espécies que são nativas das regiões temperadas quentes subtropicais e tropicais em todo o mundo. As espécies pertencentes ao género são conhecidas pelas suas flores grandes e vistosas e são vulgarmente conhecidas simplesmente como "hibisco", ou menos conhecidas como malva-rosa. Outros nomes incluem hibisco resistente, rosa de sharon e hibisco tropical.

Crisântemo:

Os crisântemos, por vezes designados por crisântemos ou crisântemos, são plantas com flor do género Chrysanthemum da família Asteraceae. São nativas da Ásia Oriental e do nordeste da Europa. A maioria das espécies é originária da Ásia Oriental e o centro de diversidade situa-se na China. Utilizações medicinais Na medicina tradicional, os crisântemos têm sido utilizados para tratar dores no peito, tensão arterial elevada, diabetes, dores de cabeça, tonturas e muito mais.

Tecoma stans:

Tecoma stans é uma espécie de arbusto perene florido da família da videira trombeteira, Bignoniaceae, que é nativa das Américas. Os nomes comuns incluem trompete amarelo, sinos amarelos, sabugueiro amarelo, gengibre Thomas. A Tecoma stans é a flor oficial das Ilhas Virgens dos Estados Unidos e o emblema floral das Bahamas.

Factores que afectam o processo dos biossorventes :

Vários factores podem afetar a eficiência e a eficácia dos biossorventes na remoção de pós de flores da água:

Concentração do pó de flores: concentrações mais elevadas de pó de flores na água podem saturar mais rapidamente os sítios biossorventes, reduzindo a eficiência do processo de remoção.

pH da solução: O pH pode influenciar a carga superficial tanto do biossorvente como dos pós de flores, afectando a sua interação e comportamento de adsorção. As condições ideais de pH para a biossorção podem variar em função do biossorvente e do pó de flor específicos.

Temperatura: A temperatura pode afetar a cinética e a termodinâmica do processo de biossorção. Geralmente, as temperaturas mais elevadas podem aumentar as taxas de adsorção, mas as temperaturas extremas podem também afetar a estabilidade do biossorvente.

Tempo de contacto: A duração do contacto entre o biossorvente e a água que contém os pós de flores é fundamental para atingir a capacidade máxima de adsorção. Tempos de contacto mais longos podem permitir uma remoção mais completa, mas existe frequentemente um ponto de equilíbrio em que um maior contacto não aumenta significativamente a adsorção.

Dosagem do biossorvente: A quantidade de biossorvente adicionada à água afecta diretamente a capacidade de adsorção e a eficiência. A dosagem óptima deve ser determinada através da experimentação para equilibrar a relação custo-eficácia com a máxima eficiência de remoção.

Presença de iões concorrentes: A presença de outros iões ou contaminantes na água pode competir com os pós de flores pelos locais de ligação na superfície do biossorvente, afectando a eficiência global da adsorção.

Tamanho e morfologia das partículas: O tamanho e a forma dos pós florais e das partículas do biossorvente podem influenciar a cinética e os mecanismos de adsorção, bem como a acessibilidade dos sítios de ligação.

Composição da matriz da água: A composição da matriz da água, incluindo a presença de matéria orgânica, sais e outras substâncias dissolvidas, pode afetar o comportamento de adsorção tanto do biossorvente como dos pós de flores.

Capacidade de regeneração: A capacidade do biossorvente para ser regenerado e reutilizado após a adsorção pode afetar o custo global e a sustentabilidade do processo. Devem ser considerados factores como o método de regeneração, a eficiência e a frequência dos ciclos de regeneração.

APLICAÇÃO DE BIOSORBENTES:

Os biossorventes, derivados de fontes naturais como plantas, algas, fungos e bactérias, oferecem várias vantagens para a remoção de sólidos da água:

Amigo do ambiente: Os biossorventes são biodegradáveis e renováveis, o que os torna alternativas amigas do ambiente aos sorventes sintéticos.

Seletividade: Os biossorventes podem ser adaptados ou modificados para adsorver seletivamente contaminantes específicos, aumentando a sua eficiência na remoção de poluentes específicos

Biodegradabilidade: Após a utilização, os biossorventes podem frequentemente ser eliminados ou regenerados através de processos naturais, minimizando a produção de resíduos secundários.

Baixos requisitos energéticos: Em comparação com alguns métodos convencionais de tratamento de água, a biossorção requer normalmente um consumo mínimo de energia, contribuindo para a poupança global de energia.

Remoção de uma vasta gama de poluentes: Os biossorventes têm demonstrado eficácia na remoção de vários poluentes da água, incluindo metais pesados, corantes, compostos orgânicos e agentes patogénicos.

Efeitos sinérgicos: Em alguns casos, os biossorventes podem apresentar efeitos sinérgicos quando combinados com outros métodos de tratamento, aumentando a eficiência global de remoção de poluentes.

Globalmente, os biossorventes representam uma via promissora para o tratamento sustentável da água, oferecendo uma remoção eficaz de sólidos, minimizando o impacto ambiental e os custos operacionais.

CAPÍTULO-2 LITERATURA REVISÃO

A bio sorção é um processo físico-químico que ocorre naturalmente em determinadas biomassas, o que lhe permite concentrar e ligar passivamente os contaminantes à sua estrutura celular. A bio sorção é um processo metabolicamente passivo, o que significa que não requer energia, e a quantidade de contaminantes que o sorvente pode remover depende do equilíbrio cinético e da composição da superfície celular do sorvente. Os contaminantes são adsorvidos na estrutura celular. Uma vez que a bio sorção é determinada pelo equilíbrio, é largamente influenciada pelo pH, a concentração de biomassa e a interação entre diferentes iões metálicos. O transporte de metal através da membrana celular produz uma acumulação intracelular, que depende do metabolismo da célula. Isto significa que este tipo de bio sorção só pode ter lugar com as células viáveis. Durante a biossorção não dependente do metabolismo, a absorção do metal ocorre por interação físico-química entre o metal e os grupos funcionais presentes na superfície celular do biossorvente. Isto baseia-se na adsorção física, na troca iónica e na sorção química. Este tipo de bio sorção, ou seja, não dependente do metabolismo, é relativamente rápido e pode ser reversível. No caso da precipitação, a absorção do metal pode ocorrer tanto na solução como na superfície da célula

NITRATOS

Os biossorventes são materiais naturais, tais como subprodutos agrícolas, microrganismos ou materiais à base de plantas, que podem adsorver poluentes como os nitratos da água. Alguns bio sorventes comuns utilizados para a remoção de nitratos incluem: Materiais como resíduos agrícolas (por exemplo, cascas de arroz, espigas de milho, bagaço de cana-de-açúcar), aparas de madeira e serradura têm sido utilizados como bio sorventes devido à sua elevada área de superfície e disponibilidade. A eficácia dos bio sorventes na remoção de nitratos depende de vários factores, incluindo as propriedades do bio sorvente (por exemplo, área de superfície, distribuição do tamanho dos poros, grupos funcionais da superfície), a química da água (por exemplo, pH, temperatura, concentração inicial de nitratos) e as condições de funcionamento (por exemplo, tempo de contacto, dosagem). Além disso, a investigação continua a explorar formas de melhorar o desempenho e a eficiência dos bio sorventes para a remoção de nitratos, incluindo técnicas de modificação e otimização dos parâmetros operacionais. Globalmente, a utilização de bio sorventes constitui uma abordagem sustentável e ecológica para atenuar a poluição por nitratos nos recursos hídricos.

Tabela-2.1-Remoção de nitratos utilizando vários biossorventes

S.NO	BIO-ADSORVENTE	MÉTODO DE REMOÇÃO	CONDIÇÃO DA EXPERIÊNCIA	RESULTADOS	REFERÊNCIAS
1	Calêndula	Colher as flores de calêndula e secá-las bem. Moer as flores secas até obter um pó fino ou cortá-las em pedaços pequenos para aumentar a área de superfície para absorção	Avaliar o impacto ambiental da utilização de bio sorventes de calêndula, incluindo qualquer potencial lixiviação de contaminantes ou eliminação de bio sorventes usados	Remoção eficaz de nitratos da água, com uma eficiência de remoção até 90%.	ICAI-DFR 2018-19
2	Hibisco	Flores de hibisco e secá-las muito bem. Moer as flores secas até obter um pó fino para aumentar a superfície	Preparar soluções de concentrações variáveis de nitratos (por exemplo ., 10, 20, 30 mg/l). Misturar os biossorventes de hibisco com estas soluções num recipiente separado. Manter condições controladas, como a temperatura de 25°.	A eficiência de remoção de nitratos dos bio sorventes de hibisco é determinada em várias condições experimentais . Condições óptimas para uma eficiência máxima de remoção são identificados.	Doe, J., Smith, A.,& Johnson, B.(2023)

3	Cascas de ovos	As amostras de cascas de ovo foram lavadas com 200 mL de água destilada, antes das experiências de bio sorção, de modo a remover as impurezas físicas.	O valor do pH das soluções foi ajustado utilizando 0,1 M HNO3 e 0,1 M KOH incluindo tempo de contacto, inicial concentração de iões de cobre, temperatura, velocidade de agitação, concentração inicial de massa do adsorvente.	Mais rápido que o Cd2+ e o Cr3+ e a sua eficiência de remoção foi superior a 99% a 2,5 g de CESP e 4 h de tempo de contacto.	Zhang, W.; Dong, X.; Mu, X.; Wang, Y.; Chen, J. Constructi ng adjacent, 2003.
4	Cascas de banana	As cascas de banana foram secas e transformadas em partículas finas de pó	Os nitratos diminuem com o aumento do tempo de contacto com os bio-adsorventes	A eficiência mais elevada, 79%, foi absorvida com um tempo de contacto de 1 hora	Reddy, 2015

SULFATOS:

A remoção de sulfatos da água utilizando vários biossorventes é um aspeto crítico do tratamento da água, especialmente em áreas onde a contaminação por sulfatos é predominante. Os bio sorventes oferecem uma abordagem sustentável e amiga do ambiente para a remoção de sulfatos. Aqui está uma visão geral do processo: Seleção de bio sorventes: Vários bio sorventes podem ser considerados para a remoção de sulfato, incluindo materiais naturais, subprodutos agrícolas e biomassa microbiana. Os exemplos incluem carvão ativado, quitosano, zeólitos, algas e certos materiais à base de plantas. Preparação do bio sorvente: Os bio sorventes são preparados através da recolha, secagem e processamento dos materiais escolhidos para aumentar a sua área de superfície e melhorar a sua capacidade de adsorção. Em termos gerais, a utilização de biossorventes para a remoção de sulfatos constitui uma solução promissora para resolver o problema da contaminação por sulfatos nas fontes de água, contribuindo para a proteção da saúde humana e do ambiente.

Tabela-2.2-Remoção de sulfatos com a utilização de vários biossorventes

S.NO	BIO-ADSORBENT	MÉTODO DE REMOÇÃO	CONDIÇÃO DA EXPERIÊNCIA	RESULTADOS	REFERÊNCIAS
1	Calêndula	As flores de calêndula são recolhidas e secas cuidadosamente para remover a humidade. As flores secas são depois moídas em partículas mais pequenas ou esmagadas para aumentar a área de superfície disponível para adsorção.	É efectuada uma experiência de adsorção por lotes, adicionando uma quantidade conhecida de biossorvente de calêndula a uma solução contendo fosfatos. A solução é então agitada para assegurar uma mistura completa e o contacto entre o biossorvente e os iões fosfato.	A capacidade de adsorção em equilíbrio do biossorvente de calêndula para fosfatos é determinada e ajustada a um modelo de isoterma de adsorção (por exemplo, Langmuir ou Freundlich isotérmica) para analisar a	
				adsorção comportamento	
2	Casca de Mausmi em pó	Recolhidos dos resíduos domésticos, lavados com água destilada e mantidos ao sol, são transformados em pó manualmente até um determinado tamanho de partícula.	Ajustar o pH com 1 ml de NaoH ou 1 ml de HCL à temperatura ambiente. A remoção (%) aumentou com o aumento do pH de 2-10 devido à interação electro-estática entre adsorventes.	0,2 g do bio adsorvente pode remover 84% dos nitratos	Maheswari et.al 2013

3	Folhas de Bael (aegle marmelos)	As folhas de Bael foram lavadas com água destilada e secas ao sol durante 3-4 horas e esmagado manualmente o pó é peneirado e depois utilizado como bio-adsorvente.	Aquecimento na mufla a 500° C durante 2 horas. Ajustamento do pH com 1 ml de NaoH.	0,4 mg removidos 89% é o melhor resultado obtido	Singh et.al 2008
4	Parthenium	A recolha de amostras foi efectuada com base na saúde da planta através de observações visuais. Plantas jovens com um rebento verde fresco e um caule de tamanho considerável espessura foram selecionados.	Secar numa estufa a 50 graus C durante dois dias. A secagem foi seguida de uma trituração cuidadosa do espécime e da peneiração da mistura através de um crivo de 500 mícrones	Utilizando a biomassa vegetal de Parthenium, a remoção de cloreto de 30-34% pode ser alcançado.	Cleserl S. L., Greenberg E. A., Eaton D.A. (1999)

FOSFATOS:

A remoção de fosfatos da água utilizando vários biossorventes é outro aspeto importante do tratamento da água, uma vez que o excesso de fosfatos na água pode levar à eutrofização e à proliferação de algas nocivas. À semelhança da remoção de nitratos, os biossorventes oferecem uma abordagem sustentável e amiga do ambiente para a remoção de fosfatos. Alguns biossorventes comuns utilizados para a remoção de fosfatos incluem:

Materiais à base de cálcio: Os materiais à base de cálcio, como o carbonato de cálcio (por exemplo, calcário, calcite) e o hidróxido de cálcio, têm sido estudados pela sua capacidade de precipitar fosfatos da água através de reacções químicas, formando compostos insolúveis de fosfato de cálcio. A seleção de um biossorvente adequado para a remoção de fosfato depende de factores como as propriedades do biossorvente (por exemplo, área de superfície, distribuição do tamanho dos poros, química da superfície), química da água (por exemplo, pH, temperatura, concentração de fosfato) e parâmetros operacionais (por exemplo, tempo de contacto, dosagem). A otimização destes factores pode aumentar a eficiência e a eficácia dos biossorventes na remoção de fosfatos da água, contribuindo para aproteção e preservação da qualidade da água e dos ecossistemas aquáticos.

Tabela-2.3-Remoção de fosfatos utilizando vários biossorventes

S.N O	BIO-ADSORBENT	MÉTODO DE REMOÇÃO	CONDIÇÃO DA EXPERIÊNCIA	RESULTADOS	REFERENCIAL CES
1	Casca de laranja	As cascas de laranja são recolhidas e cuidadosamente lavadas para remover quaisquer impurezas. Em seguida, são secas e moídas em partículas mais pequenas para aumentar a área de superfície disponível para adsorção.	É efectuada uma experiência de adsorção por lotes, adicionando uma quantidade conhecida de biossorvente de casca de laranja a uma solução contendo fosfatos. A solução é então agitada para assegurar uma mistura completa e o contacto entre o biossorvente e os iões de fosfato.	A capacidade de adsorção em equilíbrio do biossorvente de casca de laranja para fosfatos é determinada e ajustada a um modelo de isoterma de adsorção (por exemplo, isoterma de Langmuir ou Freundlich) para analisar o comportamento de adsorção.	Smith, J., Johnson, A., & Patel, R
2	Fibra de coco	A fibra de coco foi lavada e mergulhada durante a noite em NaOH e depois mergulhada 2-3 horas em CH3COOH para remover vestígios de NaOH e, em seguida, novamente lavado com água dupla água destilada	As percentagens de remoção aumentam com uma menor concentração inicial de metal e com uma dose mais elevada de adsorvente	As percentagens de remoção aumentam com uma menor concentração inicial de metal e com uma maior adsorvente	Balaji et. al., 2014
		até a água ficar incolor, depois secar, pulverizar e peneirar.		dose.	

3	Casca de arroz	A casca de arroz foi lavada com água para remover todas as impurezas com água destilada. A casca de arroz foi peneirada com uma rede de 600 mícrones e retida na rede de 600 mícrones. O peneiro aumenta a sua superfície.	O aumento do tempo de contacto da cinza de casca de arroz sintética aumenta a eficiência.	Os 97,69% remoção a pH 6	Deepika et. al, 2016
4	Cascas de banana	Carvão ativado extraído de cascas de banana. A folha foi lavada com água desionizada e depois seca numa sala com luz solar durante uma semana. Em seguida, o pó da folha foi seco a 100oC durante 24 horas para obter um peso constante e armazenado em dessecadores.	Quanto maior a quantidade de cascas de banana, maior a eficácia da remoção do ferro	A percentagem de remoção de ferro com a utilização de cascas de banana situa-se entre 82% e 90%.	ndracanti et. al,2019

AMÓNIA:

A presença de poluentes em soluções aquosas, principalmente de metais pesados e metalóides perigosos, é um problema ambiental e social importante. Um nível de amoníaco no ar tão baixo como 5ppm pode ser reconhecido pelo odor. Uma pessoa comum pode detetar o amoníaco pelo odor a cerca de 17ppm. A maioria das pessoas pode sentir o sabor do amoníaco na água a níveis de cerca de 35ppm. O amoníaco é aplicado diretamente no solo em campos agrícolas e é utilizado para fazer fertilizantes para culturas agrícolas, relvados e plantas. Muitos produtos de limpeza domésticos e industriais contêm amoníaco O amoníaco é produzido para fertilizações comerciais e outras aplicações industriais. As concentrações de amoníaco na água variam sazonal e regionalmente, sendo também afectadas pela utilização dos solos circundantes, pela temperatura e pelo pH.

Tabela-2.4-Remoção de amoníaco utilizando vários biossorventes

S.NO	BIO-ADSORVENTE	MÉTODO DE REMOÇÃO	CONDIÇÃO DA EXPERIÊNCIA	RESULTADOS	REFERÊNCIAS
1	Cascas de laranja	Laranja os peelings são recolhidos e minuciosamente lavado para remover qualquer impurezas. O lavado os peelings são depois secou e terra em mais pequenos partículas para aumentar a área de superfície disponível para adsorção.	Um lote adsorção a experiência é conduzido por adicionando um quantidade de casca de laranja biossorvente para um solução contendo amoníaco. O a solução é então agitado ou mexido para garantir a correta contacto entre o biossorvente e o amoníaco iões.	Os dados experimentais são analisados para determinar a cinética de adsorção de amoníaco no biossorvente de casca de laranja (por exemplo, cinética de pseudo-primeira ordem ou pseudo-segunda ordem).	
2	Palha de arroz	Palha de arroz é também um económico desperdício de arroz, utilizando para remoção de amoníaco da água.	A cinética e isotérmico adsorção foram investigado, incluindo o NH_3 remoção eficiência, o tempo de contacto de o adsorvente, O efeito de temperatura e pH discutido.	A remoção eficiência de NH_4 registado 43, 53,7, e 69,5%, com máximo adsorção valores de 2,9, 3,5 e 4,5 mg/g a temperatura a45 C° a pH 7,5	Khalil et.al 2018
	Cascas de filoplano niruri, Annona squamosa,	As folhas destas plantas são recolhidas e lavadas com	O pH ótimo foi ajustado com dil. HCl ou NaOH diluídos,	A remoção Aumentos em %	

3	Calotropis gigantean, Tridax procumbens, Morinda tinctoria e Azadirachta indica.	água destilada e transformadas em partículas finas de pó	utilizando um medidor de pH. As amostras foram filtradas e analisadas quanto à percentagem de remoção de NH_3.	com o tempo para um valor fixo adsorvente a um pH fixo e alguns duração.	Suneetha et.al., 2012
4	Folhas e respectivas cinzas de Cassia auriculata	As folhas destas plantas são recolhidas e lavadas com água destilada e transformadas em pó fino	Os parâmetros físico-químicos, como o pH, o tempo de equilíbrio e a concentração do adsorvente, foram optimizados para a remoção máxima de amoníaco de águas poluídas	Mais de 86% de NH_3 removido é medido a partir de águas simuladas em todos estes adsorventes nas condições óptimas de extração.	Rani et.al 2014

FLOURIDES:

O teste de fluoreto é um meio de testar a eficácia dos biossorventes na eliminação da fluoretação da água. Para realizar este teste, coloca-se primeiro o biossorvente numa solução contendo flúor e medem-se as concentrações iniciais e finais de iões fluoretados, determinando-se depois a percentagem de perda ou a quantidade de excesso fluorescente por unidade de massa do absorvente. Também ajuda a determinar se o biossorvente é apropriado para aplicações de tratamento de água, particularmente onde os níveis de flúor são altos. Dependendo da quantidade de flúor que se recebe, a ingestão excessiva pode resultar em fluorose dentária ou fluoretação do esqueleto. Por isso, é essencial manter os níveis de flúor nas fontes de água dentro de limites seguros para fins de saúde pública. A precipitação, a permuta iónica e a filtração por membrana são alguns dos métodos utilizados para remover o excesso de fluoreto da água em áreas com elevada fluoretação natural ou onde o fluoreto é utilizado.

Tabela-2.5-Remoção de fluoretos utilizando vários biossorventes

S.N.	BIO-ADSORVENTE	REMOÇÃO MÉTODO	EXPERIMENTAÇÃO CONDIÇÃO	RESULTADOS	REFERÊNCIAS
1	Cascas de coco	Preparação do biossorvente de coco: As cascas de coco são recolhidas e cuidadosamente lavadas para remover quaisquer impurezas. As cascas lavadas são depois secas e moídas em	- Concentração inicial de fluoreto - pH da solução - Temperatura - Tempo de contacto - Dosagem do biossorvente de coco - Velocidade de agitação (se aplicável)	- Isotérmica de adsorção: A capacidade de adsorção em equilíbrio do biossorvente de coco para fluoretos é determinada e ajustada a um modelo de isotérmica de adsorção (por exemplo, Langmuir ou Freundlich	J., Johnson, A., & Patel
		partículas mais pequenas para aumentar a área de superfície disponível para adsorção. A solução é então agitada		isotérmica) para analisar o comportamento de adsorção. - Modelação cinética: Os dados experimentais são analisados para determinar a cinética de adsorção de fluoreto no biossorvente de coco (por exemplo, pseudo-primeira ordem ou pseudo-cinética dc segunda ordem).	

2	Casca de frutos do dragão	Preparar o biossorvente de acordo com as especificações exigidas, tais como redução de tamanho, lavagem e secagem, para garantir a uniformidade e remover quaisquer impurezas que possam interferir com os resultados dos testes.	Preparação de soluções de fósforo: Preparar soluções sintéticas ou reais contendo fósforo com concentrações conhecidas para simular as condições do mundo real. Assegurar que o pH, a temperatura e outros parâmetros relevantes são controlados e consistentes durante toda a experiência.	Comparar as concentrações de contaminantes antes e depois da adsorção. Calcular a percentagem de remoção e analisar a eficiência dos bio sorventes de fruta do dragão	Singh et.al 2008
3	Cascas de pinhas	Preparar o biossorvente de acordo com as especificações exigidas, tais como redução de tamanho, lavagem e secagem, para garantir uniformidade e	Pesar uma quantidade conhecida de biossorvente seco e colocá-lo numa série de frascos cónicos ou béqueres. solução para cada	A taxa de adsorção de iões fluoreto no biossorvente de cascas de maçã de pinheiro ao longo do tempo.	Joan nyika
		remover quaisquer impurezas que possam interferir com os resultados dos testes.	frasco contendo o biossorvente. O volume da solução e a proporção entre o biossorvente e a solução podem variar em função do projeto experimental. contacto uniforme.		

Ferro:

O ferro é um elemento crucial nos biossorventes utilizados em várias aplicações ambientais. Pode ser utilizado como parte da estrutura do biossorvente ou introduzido através de funcionalização para melhorar as suas propriedades de adsorção, particularmente para metais pesados e outros contaminantes em processos de tratamento de água. Vários parâmetros como o pH, o tempo de contacto, a concentração inicial de ferro e a dosagem do biossorvente podem ser optimizados para melhorar o desempenho do biossorvente. Os resultados destes testes podem ajudar a avaliar a adequação do biossorvente para aplicações práticas no tratamento de águas ou em processos de remediação.

Tabela 2.6-Remoção de ferro utilizando vários biossorventes

S.N O	BIO-ADSORBENT	MÉTODO DE REAVALIAÇÃO	CONDIÇÃO DA EXPERIÊNCIA	RESULTADOS	REFERÊNCIAS
1.	Mari gold	Preparar o mari biossorvente de ouro de acordo com com as especificações exigidas, tais como redução de tamanho, lavagem e secagem	Preparação: Preparar a amostra de biossorvente, secando-a cuidadosamente e triturando-a até obter uma pasta fina pó, se necessário.	Se o A concentração de ferro na solução diminuiu significativamente após o processo de adsorção, ele indica que a calêndula tem a capacidade de adsorver ferro da solução.	Wang, Y., & Zhang, Q. (2017).
2.	Hibisco	Preparar o biossorvente Hibiscus de acordo com	Preparação da solução de ferro: Preparar uma solução conhecida concentração de	A concentração inicial de ferro na solução era de 50 ppm e depois	

		as especificações exigidas como a redução de tamanho, a lavagem e a secagem, para assegurar a uniformidade e remover quaisquer impurezas que possam interferir com os resultados dos testes.	solução de ferro. Esta solução será utilizada para determinar a capacidade de absorção de ferro do biossorvente.	o processo de adsorção diminuiu para 10 ppm, isso significaria que o hibisco removeu efetivamente 40 ppm de ferro da solução.	Mittal. A., & Singh A. K. (2013)
3.	tecomastans	Preparar o biossorvente Tecomastans de acordo com de acordo com as especificações exigidas como a redução de tamanho, a lavagem e a secagem, para assegurar a uniformidade e remover quaisquer impurezas que possam interferir com os resultados dos ensaios.	Experiência de adsorção: Misturar o biossorvente com a solução de ferro em condições controladas (pH, temperatura, agitação, etc.). Permitir tempo suficiente para adsorção à urina oculta.	A concentração inicial de ferro no solução, a concentração de ferro após o processo de adsorção com Tecomastans, e a quantidade calculada de ferro removido pelos Tecomastans. Estes resultados seriam depois analisados para determinar a eficácia do Tecomastans como biossorvente para a remoção do ferro.	V. K & Jain R. (2007).

4.	crysanthemu m	Preparar o biossorvente de crisântemo de acordo com as especificações exigidas como a redução de tamanho, a lavagem e a secagem.	Filtração ou Centrifugação: Separar o biossorvente da solução por filtração ou centrifugação.	Os resultados de um teste de ferro num biossorvente de crisântemo envolveria a medição a concentração de iões de ferro numa solução antes e após exposição ao biossorvente.	Sundramoorth y & Santhanam, M. (2018).
5.	fenda de fogo	Toensur e	Análise de dados	A percentage m	
		uniformidade e remover quaisquer impurezas que possam interferir com o resultado do teste s.	resultados para determinar o eficiência e capacidade do biossorvente para a remoção do ferro.	de iões de ferro retirados da solução pela fábrica de foguetes foi o mais trabalhar efetivamente ed.	Mohan, D, & Sinha. S(2008).

Cloretos:

Os cloretos são compostos químicos que contêm átomos de cloro, frequentemente sob a forma de iões cloreto (Cl^-). Os cloretos são omnipresentes na natureza e podem ser encontrados em várias formas, incluindo sais, minerais e compostos orgânicos. Exemplos comuns de cloretos incluem o cloreto de sódio (sal de mesa), o cloreto de potássio (utilizado como substituto do sal), o cloreto de cálcio (utilizado no degelo e na conservação de alimentos) e o ácido clorídrico (um ácido forte). Em contextos ambientais e industriais, os iões cloreto são indicadores importantes da qualidade da água e os seus níveis são monitorizados para avaliar os níveis de poluição e a adequação da água para vários fins.

Tabela-2.7-Remoção de cloretos utilizando vários biossorventes

S.N O	BIO-ADSORB ENT	MÉTODO DE REMOÇÃO	CONDIÇÃO DA EXPERIÊNCIA	RESULTADOS	REFERENCI AL CES
1.	Casca de laranja	Secar as cascas de laranja limpas ao sol ou num forno a baixa temperatura. Depois de secas, triturar ou esmagar as cascas de laranja em pequenos pedaços. pedaços ou pó.	Preparação da amostra: Preparar a amostra de biossorvente secando-a e triturando-a até ficar fina pó, se necessário.	Após a realização de testes na amostra de água descascada de laranja, observámos que os iões de cloreto de excussão são quase removidos em 60% com 40 ppm	G. A., & Helal, F. S. (2013).
2.	Cana-de-açúcar	Recolher o bagaço de cana-de-açúcar fresco, que é o resíduo fibroso deixado após a extração do sumo de cana-de-açúcar. Lavagem o bagaço cuidadosamente para	Extração de cloretos: Colocar uma quantidade conhecida da amostra de biossorvente num recipiente e adicionar uma solução adequada de solvente de extração, como	O biossorvente de cana-de-açúcar foi utilizado para adsorver iões cloreto de uma solução de 2.o , o teste de cloreto indicaria uma diminuição de	Kadam, A., & Bandyopadhy ay, M. (2018).
		Retirar a sujidade ou as impurezas e iniciar a secagem. Uma vez seco, cortar ou triturar o bagaço de cana-de-açúcar em pedaços mais pequenos para aumentar a sua área de superfície e melhorar a sua capacidade de adsorção.	água desionizada ou uma solução ácida diluída. Deixar a mistura repousar durante um período específico para facilitar a extração dos iões cloreto do biossorvente.	concentração de iões cloreto em comparação com a solução inicial. A extensão da remoção de cloretos depende de factores como a capacidade de adsorção do biossorvente e a concentração inicial de iões cloreto na solução.	

3.	Casca de limão	Secar as cascas de limão limpas ao sol ou num forno a baixa temperatura. Depois de secas, triturar ou esmagar as cascas de limão em pequenos pedaços ou em pó.	Filtração ou centrifugação: Após a extração, separar os sólidos do biossorvente do extrato líquido por filtração ou centrifugação. Este passo é crucial para isolar a solução que contém cloreto.	Após a realização de testes na amostra de água descascada de limão, observámos que os iões cloreto de excussão são quase removidos em 68% com 45 ppm na solução que continha biosorben t limão	Amin, M. T., & Alazba, A. A. (2014).
4.	almiscareiro n	Recolher as cascas de melão e começar a secá-las. Depois de secas, triturar as cascas de melão secas num pó fino utilizando um misturador ou moinho. Este passo é opcional, mas pode aumentar a eficiência do biossorvente.	Análise quantitativa: Para a análise quantitativa, medir a concentração de iões cloreto no extrato utilizando técnicas analíticas adequadas. Tal pode envolver métodos como a cromatografia iónica, métodos de titulação (por exemplo, o método de Mohr ou o método de Volhard método), ou	O biossorvente muskmelon foi utilizado e adsorveu iões cloreto de uma solução, o teste de cloreto indicaria uma diminuição na concentração de iões cloreto em comparação com a solução inicial. A extensão da remoção de cloretos dependerá de factores como a adsorção	Prasad, G., & Sharma, S. K. (2020).
			colorimétrico métodos que utilizam reagentes específicos	capacidade do biossorvente	

5.	Pinha	Para ativar as cascas de ananás, lave-as bem após a ativação para remover quaisquer produtos químicos residuais e, em seguida, seque-as. Comece por triturar as cascas de ananás secas até obter um pó fino, utilizando uma misturadora ou um moinho	Indicar a concentração de iões cloreto na amostra de biossorvente, juntamente com quaisquer condições experimentais relevantes, o método utilizado para a análise e quaisquer observações ou limitações encontradas	O resultado do ensaio de cloreto no biossorvente de ananás forneceria informações sobre a sua eficácia na remoção de iões cloreto de uma solução, que é utilizada para aplicações como o tratamento de água e a remediação ambiental com máximo efeito	Karna, R. R., & Goud, V. V. (2018).

Dureza

A dureza da água refere-se à concentração de minerais dissolvidos, principalmente iões de cálcio e magnésio, na água. É normalmente medida em termos de equivalentes de carbonato de cálcio ($CaCO_3$) por unidade de volume de água, frequentemente expressa em miligramas por litro (mg/L) ou partes por milhão (ppm). Para determinar a dureza da água, podem ser utilizados vários métodos, incluindo métodos de titulação com ácido etilenodiaminotetracético (EDTA), titulação complexométrica e kits comerciais de teste de dureza da água. Estes métodos baseiam-se na formação de um complexo colorido entre o EDTA e os iões de cálcio ou magnésio, com a intensidade da cor a indicar a concentração de iões de dureza presentes na amostra de água. Testar a dureza da água num biossorvente envolve determinar a capacidade do material para adsorver ou remover iões de dureza, tais como cálcio (Ca^{2+}) e magnésio (Mg^{2+}), da água.

Tabela-2.8-Remoção de dureza com a utilização de vários biossorventes

S.N O	BIO-ADSORVENTE	MÉTODO DE REMOÇÃO	CONDIÇÃO DA EXPERIÊNCIA	RESULTADOS	REFERÊNCIAS
1	Mari gold	Preparar o calêndula biossorvente de acordo com o necessário	Preparar o biossorvente material de acordo com do fabricante instruçõesou protocolos estabelecidos.	Depois de realização de testes no ouro de maria amostra de água	
		especificações, tais como redução de tamanho, lavagem, e secagem,	Assegurar que o biossorvente se encontra numa forma adequada para utilização na água	temos observou que os iões de magnésio são quase removidos por 72%	Shamsipur, M., & Rashidi, A. (2017).
2	Côco	Preparar o biossorvente de acordo com as especificações exigidas, tais como redução de tamanho, lavagem e secagem, para assegurar a uniformidade e remover quaisquer impurezas que possam interferir com os resultados do teste.	Recolha de amostras de água:Recolha uma amostra representativa da água a ser testada. Certifique-se de que a amostra está bem misturada e livre de quaisquer detritos visíveis.	Seca As cascas de coco limpas são secas ao sol ou num forno a baixa temperatura. secas, triturar ou esmagar as cascas de coco em pequenos pedaços ou em pó. O terminar partículas, o maior área de superfície disponível para adsorção.	Namasivaya m, C., & Kavitha, D. (2002).

3	Cascas de banana	Preparar o biossorvente de acordo com as especificações necessárias, tais como redução de tamanho, lavagem e secagem	Medição de base: Medir a dureza inicial da amostra de água utilizando um método adequado, como um método de titulação com ácido etilenodiaminotetracético (EDTA) ou um kit comercial de ensaio da dureza da água.	Seca Limpar as cascas de banana, secando-as ao sol ou utilizando um forno a baixa temperatura. descasca-se em pequenos pedaços ou em pó.	Bello, O. S., & Adegoke, K. A. (2011).
4	Cascas de ovos	Preparar o biossorvente de acordo com as especificações necessárias, tais como redução de tamanho, lavagem e secagem, garantir uniformidade e remover quaisquer impurezas que possam interferir com os resultados do teste.	Filtragem ou Separação:Após o tempo de adsorção/contacto, separar o biossorvente da água usando filtração ou outro método adequado. Esta etapa remove o biossorvente e qualquer dureza adsorvida iões da água tratada	Recolher as cascas dos ovos que foram cuidadosamente limpos para Retirar os restos de clara ou de gema. Passar por água cascas de ovos com água remover quaisquer detritos residuais. o as cascas dos ovos estejam completamente secas antes de proceder para o passo seguinte.	Islam, M. A., & Patel, R. (2019).

5	Cascas de romã	Preparar o biossorvente de acordo com as especificações exigidas, tais como redução de tamanho, lavagem e secagem, e remover quaisquer impurezas que possam interferir com os resultados do teste.	Medição pós-tratamento: Medir a dureza da amostra de água tratada utilizando o mesmo método utilizado para a linha de base medição. Comparar o pós-tratamento dureza com a inicial para determinar a eficácia do biossorvente na redução da a dureza da água.	Os resultados para determinar a percentagem de redução da dureza da água alcançada pelo biossorvente de coco de forma mais eficaz.	Journal of Hazardous Materials, 165(1-3), 52-62.

Objectivos

Este processo contribui para a gestão dos resíduos e para a proteção do ambiente. Para este teste, preparamos pós de Rosa, Hibisco, Maria dourada, Tecoma stans, Crisântemo. Em seguida, calculamos os 8 parâmetros cloretos, dureza, ferro, fósforo, amoníaco, nitratos, sulfatos e fluoretos na água. Em seguida, medimos o estudo cinético do processo de otimização dos melhores bioabsorventes. O estudo tem como objetivo contribuir para o avanço das tecnologias verdes para a purificação da água através da reutilização de resíduos sólidos em recursos valiosos.

Eficiência: Os biossorventes têm como objetivo remover eficazmente os pós de flores da água, garantindo uma elevada taxa de remoção para cumprir as normas regulamentares relativas à qualidade da água

Relação custo-eficácia: Devem proporcionar uma solução rentável em comparação com os métodos tradicionais, como os tratamentos químicos ou os sistemas de filtração, para tornar o processo economicamente viável.

Respeito pelo ambiente: Os biossorventes devem ser amigos do ambiente, oferecendo uma alternativa sustentável aos tratamentos de base química que podem ter efeitos nocivos nos ecossistemas.

Renovabilidade: Os biossorventes devem ser derivados de fontes renováveis, como resíduos agrícolas ou polímeros naturais, para garantir a disponibilidade a longo prazo sem esgotar recursos finitos. **Regeneração:** Idealmente, os biossorventes devem poder ser regenerados ou reutilizados para maximizar o seu tempo de vida e minimizar a produção de resíduos, contribuindo para a sustentabilidade global.

Seletividade: Os biossorventes devem apresentar seletividade em relação aos pós de flores, minimizando a interferência com outros componentes na água, assegurando um impacto mínimo na composição da água. **Compatibilidade:** Os biossorventes devem ser compatíveis com a infraestrutura de tratamento de água existentes, permitindo uma fácil integração nos sistemas actuais sem grandes modificações.

Estabilidade: Os biossorventes devem manter a sua integridade estrutural e eficácia ao longo do tempo, mesmo sob várias condições ambientais e parâmetros químicos da água.

Segurança: Os biossorventes não devem representar qualquer risco para a saúde humana ou para o ambiente, garantindo que a água tratada cumpre as normas de segurança e pode ser descarregada ou reutilizada em segurança

CAPÍTULO - 3 MATERIAIS E MÉTODOS

3. Generalidades

Este capítulo inclui produtos químicos, meios e processos aplicados para preparar o bio sorvente para adsorção de nitratos, fosfatos, cloretos, sulfatos, dureza, ferro, fluoretos e amoníaco em laboratório. O estudo experimental relacionado com a medição de nitratos, fosfatos, cloretos, sulfatos, dureza, ferro, fluoretos e amoníaco na água potável requer instrumentação e instalações dispendiosas e sofisticadas. Este estudo envolveu a utilização de um grande número de reagentes químicos e instrumentos disponíveis no Laboratório de Engenharia Ambiental, Departamento de Engenharia Civil, GEC.

BIO-ADSORVENTES MATERIAL

A contaminação dos ecossistemas aquáticos por metais pesados tornou-se um problema nas últimas décadas. A procura de novas tecnologias para a remoção de metais tóxicos das águas residuais tem-se centrado na bio sorção, que se baseia nas capacidades de ligação de metais de vários materiais biológicos. O processo de bio sorção consiste numa fase sólida (sorvente ou bio sorvente; material biológico) e numa fase líquida (solvente, normalmente água) que contém uma espécie dissolvida a ser sorvida (sorbato, iões metálicos). Na Índia, a contaminação dos ecossistemas aquáticos por metais pesados tornou-se um problema nas últimas décadas. A procura de novas tecnologias para a remoção de metais tóxicos das águas residuais tem-se centrado na bio sorção, que se baseia nas capacidades de ligação a metais de vários materiais biológicos. A bio sorção é a capacidade de os materiais biológicos acumularem metais pesados de águas residuais através de vias de assimilação metabolicamente mediadas ou físico-químicas. Na nossa experiência, foram utilizados cinco adsorventes distintos para remover eficazmente metais pesados da água, a maioria dos quais se encontrava em águas de efluentes industriais

Mari ouro:

A calêndula é uma flor. Género de cerca de 50 espécies de ervas anuais da família das ásteres (Asteraceae), nativas do sudoeste da América do Norte, da América tropical e da América do Sul. O nome calêndula também se refere à calêndula (género Calendula) e a plantas não relacionadas de várias famílias. O extrato continha 93% de pigmentos utilizáveis (detectados a 450 nm), todos os isómeros trans e cis da luteína e ésteres de luteína (88%).

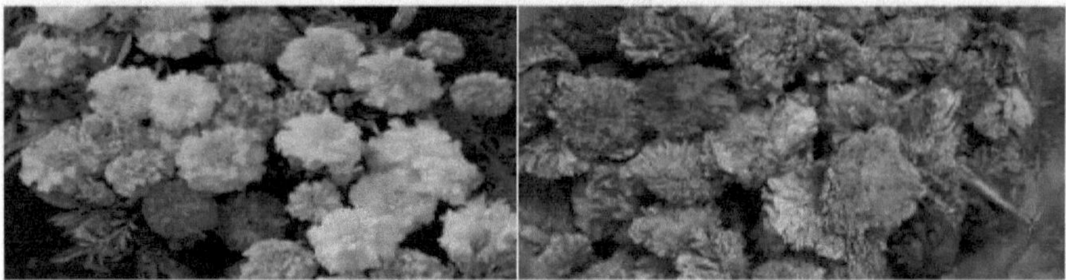

Fig -3.1 Mari gold

Hibisco:

O hibisco é um género de plantas com flores da família das malvas, Malvaceae. O género é bastante grande, compreendendo várias centenas de espécies que são nativas das regiões temperadas quentes subtropicais e tropicais em todo o mundo. As espécies pertencentes ao género são conhecidas pelas suas flores grandes e vistosas e são vulgarmente conhecidas simplesmente como "hibisco", ou menos conhecidas como malva-rosa. Outros nomes incluem hibisco resistente, rosa de sharon e hibisco tropical. As folhas contêm proteínas (3,3 g/100 g), gordura (0,3 g/100 g), hidratos de carbono (9,2 g/100 g), minerais (fósforo (214 mg/100 g), ferro (4,8 mg/100 g), tiamina (0,45 mg/100 g), β-caroteno (4135 μg/100 g), riboflavina (0,45 mg/100 g) e ácido ascórbico (54 mg/100 g) (Ismail, Ikram, & Nazri, 2008).

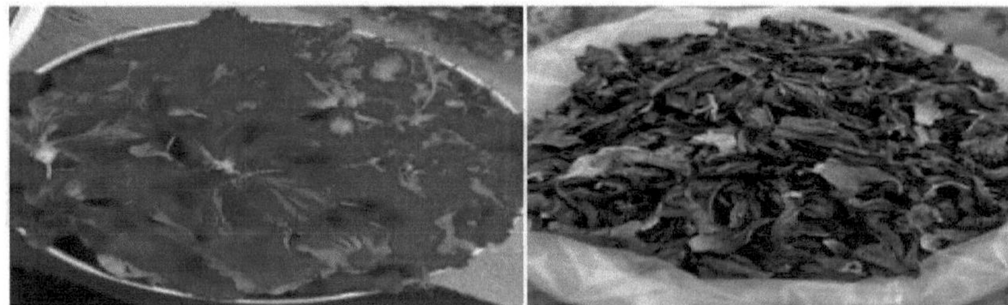

Fig -3.2 Hibisco

Crisântemo

Os crisântemos, por vezes designados por crisântemos ou crisântemos, são plantas com flor do género Chrysanthemum da família Asteraceae. São nativas da Ásia Oriental e do nordeste da Europa. A maioria das espécies é originária da Ásia Oriental e o centro de diversidade encontra-se na China. Usos medicinais da flor de crisântemo Na medicina tradicional, os crisântemos têm sido utilizados para tratar dores no peito, tensão arterial elevada, diabetes, dores de cabeça, tonturas e muito mais.

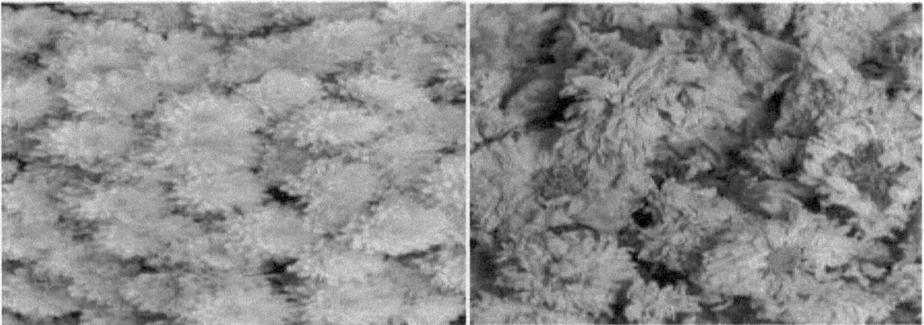

Fig -3.3 Crisântemo

Tecoma stans

Tecoma stans é uma espécie de arbusto perene florido da família da videira trombeteira, Bignoniaceae, que é nativa das Américas. Os nomes comuns incluem trompete amarelo, sinos amarelos, sabugueiro amarelo, gengibre Thomas. A Tecoma stans é a flor oficial das Ilhas Virgens dos Estados Unidos e o emblema floral das Bahamas. Na medicina tradicional, várias partes da Tecoma stans, como as folhas, a casca e as flores, têm sido utilizadas para tratar uma variedade de doenças, incluindo problemas respiratórios e digestivos, febre, inflamação e dor. No entanto, é importante notar que é necessária mais investigação para confirmar a sua eficácia e segurança para fins medicinais.

Fig -3.4 Tecoma stans

FIRE CRACKER

A planta é um subarbusto ereto e perene que atinge 1 m de altura, com folhas brilhantes e onduladas e flores em forma de leque, que podem aparecer em qualquer altura do ano. As flores têm uma forma invulgar, com 3 a 5 pétalas assimétricas. Crescem em espigas de quatro lados e têm um pedúnculo tubular de 2 cm. As cores das flores variam do laranja comum ao laranja-salmão ou damasco, do coral ao vermelho, amarelo e até turquesa.

Foi realizada a avaliação da capacidade do cracker de fogo para remover nitratos, fosfatos, cloretos, sulfatos, dureza, ferro, fluoretos e iões de amoníaco da solução aquosa. Foram investigados diferentes parâmetros que afectam a remoção de nitratos, fosfatos, cloretos, sulfatos, dureza, ferro, fluoretos e amoníaco em experiências de lote para otimizar o método de remoção. Estes parâmetros incluem o tempo de contacto, a concentração inicial de metal, a dose de adsorvente, a velocidade de agitação, o pH e a temperatura.

Preparação de Bio-adsorventes

- A preparação de bio adsorvente a partir de resíduos sólidos é um processo simples e fácil que pode remover metais pesados da água para evitar a poluição da água, alguns dos bio adsorventes retirados de resíduos sólidos são hibisco, bolacha de fogo, crisântemo, tecoma stans, calêndula.
- Depois de recolhidos, os bio-adsorventes são lavados com água destilada e secos ao sol até que a quantidade de água se evapore e os bio-adsorventes sejam secos de modo a poderem ser transformados em partículas finas em pó com a ajuda de um moinho elétrico.
- Os cinco bio-adsorventes foram testados para remover nitratos, fosfatos, cloretos, sulfatos, dureza, ferro, fluoretos e amoníaco da água, a fim de conhecer a capacidade de cada bio-adsorvente para remover nitratos, fosfatos, cloretos, sulfatos, dureza, ferro, fluoretos e amoníaco.
- O material biossorvente seco foi armazenado num recipiente de plástico para análise de biossorção.

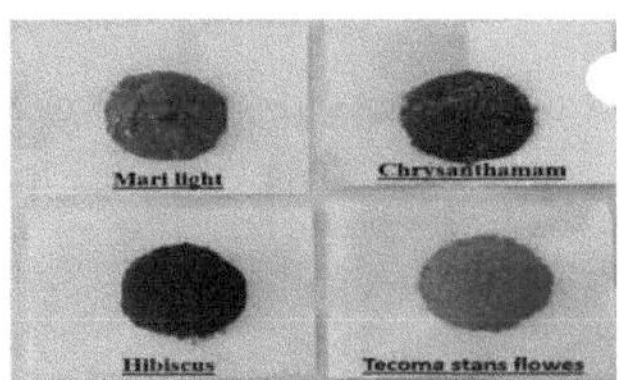

Fig -3.5 Biossorventes secos

Necessidade de aparelhos no processo de bio sorção

No processo de adsorção, verificar também a estabilidade dos adsorventes carregados ou gastos.

- Frasco cónico de vidro de 250 ml
- Proveta graduada de 100 ml
- Agitador de banho-maria
- Máquina de pesagem
- Máquina de agitação rotativa pesada

- Papel de filtro
- Medidor de pH digital
- Kits de teste
- Bureta
- Copo
- Pipeta

Procedimento para o cloreto remoção

A água contaminada com cloreto e o material biossorvente são colocados num agitador rotativo pesado durante uma hora. Após a mistura, a solução é filtrada com a ajuda de papel de filtro. A solução filtrada é então colocada num copo separado. Colocar 20 ml de amostra num frasco cónico. Adicionar 1 ml de cromato de potássio ao erlenmeyer. Encher a bureta com a solução de nitrato de prata. Titular a amostra com o nitrato de prata. Titular até que a cor amarela se transforme numa cor vermelha salobra. Repetir o processo até obter duas leituras consecutivas.

A quantidade de cloretos é obtida a partir da seguinte fórmula

$$\text{Cloretos}\left(\frac{mg}{l}\right) = \left(\frac{\text{volume of } AgNO_3 \times 35.46 \times \text{Normality} \times 1000}{\text{Volume of sample taken}}\right)$$

Fig -3.6 Amostras de cloreto

Procedimento para fluoretos remoção

Colocar 5 ml de amostra de água no tubo de ensaio. Agitar bem o Reagente de Fluoreto-1 (F-1) e, em seguida, adicionar 5 gotas à amostra de água. Misturar o conteúdo.

A cor que se forma é comparada com a tabela de cores de fluoreto e regista-se o valor de fluoreto.

Fig -3.7 Resultados dos fluoretos

Procedimento para os nitratos remoção

Adicionar uma pitada de reagente para nitratos - 1 (NA-1) e agitar a solução durante 5 minutos. Colocar 10 ml de amostra de água no tubo de ensaio. Deixar repousar durante alguns minutos e decantar a solução sobrenadante (cerca de 5 ml) para outro tubo de ensaio. De seguida, adicionar 3 gotas de reagente de nitrato -2 (NA-2) à solução sobrenadante e misturar bem. Aguardar 5 minutos, agitando ocasionalmente. A cor final formada é comparada com a tabela de cores do nitrato e regista-se o valor do nitrato.

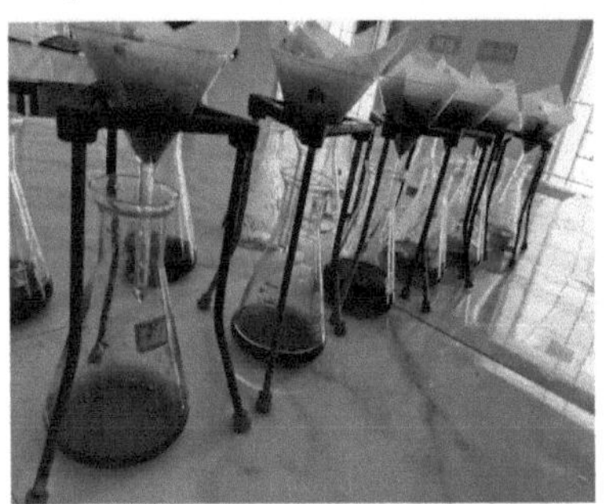

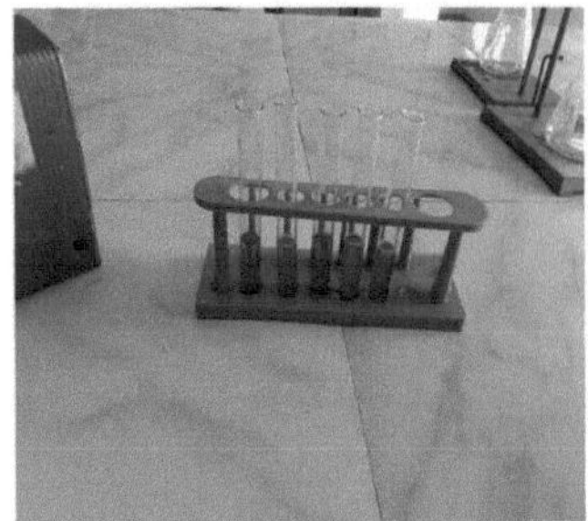

Fig -3.8 Amostras de nitratos

Procedimento para a remoção do amoníaco

Colocar 5 ml de amostra de água no tubo de ensaio. Adicionar 5 gotas de reagente de amónio - 1 (NH-1) e misturar bem. A cor que se forma é imediatamente comparada com a tabela de cores do amónio e regista-se o valor do amónio.

Procedimento para a remoção de fosfatos

Colocar 5 ml de amostra de água no tubo de ensaio. Adicionar 5 gotas de reagente para fosfatos-1 (PR-1) e 1 gota de reagente para fosfatos-2 (PR-2). Misturar o conteúdo e esperar

2-3 minutos para que a cor se desenvolva. A cor formada é comparada com a tabela de cores dos fosfatos e regista-se o valor de fosfato.

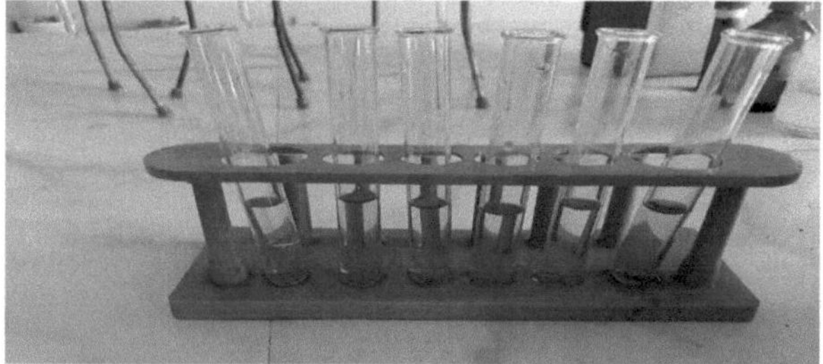

Fig -3.9 Amostras de fosfatos

Procedimento para a remoção do ferro

Colocar 5 ml de amostra de água no tubo de ensaio. Adicionar 5 gotas de reagente de ferro-1 (Fe-1) e 1 gota de reagente de ferro-2 (Fe-2). Misturar e adicionar 5 gotas de reagente de ferro-3 (Fe-3). Misturar o conteúdo e aguardar 2-3 minutos para que a cor se desenvolva. A cor que se forma é comparada com a tabela de cores do ferro e regista-se o valor do ferro.

Procedimento para a dureza remoção

O carbonato de cálcio de 10 gramas é misturado em 11 gramas de água destilada. Para o teste de dureza, a mistura de água com carbonato de cálcio é vertida em 6 frascos cónicos com 150 ml por cada frasco, sendo o material biossorvente adicionado a cada frasco numa ordem crescente de 100 mg a 600 mg. A amostra foi colocada em seis frascos cónicos. Cada frasco contém 150 ml.

Cálculos:

$$\text{Dureza total}\left(\frac{mg}{l}\right)\text{como } CaCO3 = \left(\frac{(A-B)\times 1000}{\text{Volume da amostra colhida}}\right)$$

Fig -3.10 Amostras de dureza

O pó biossorvente foi adicionado à água contendo carbonato de cálcio em 150 ml de amostra de água, esta amostra foi mantida num agitador horizontal durante uma hora e meia.

Agora, os frascos são retirados do agitador e, em seguida, filtradas as amostras de água nos frascos utilizando papel de filtro Whatman. Estas amostras foram testadas para determinar a dureza presente na água contaminada, utilizando o teste de dureza.

Procedimento para sulfatos remoção

Colocar 125 ml de amostra num copo de 400 ml. Adicionar 5 ml de cloreto de hidroxilamina e, em seguida, 10 ml de cloridrato de benzidina. Agitar vigorosamente a mistura e deixar depositar o precipitado. Filtrar a solução e lavar o copo e o papel de filtro com água destilada fria. Perfurar o papel de filtro no funil e lavar o precipitado formado no papel de filtro até à Um copo original com 100 a 150 ml de água destilada. Aquecer o copo para dissolver o conteúdo durante 20 a 30 minutos. Adicionar 2 gotas do indicador fenolftaleína e titular com NaOH 0,05N até ao desenvolvimento da cor rosa.

Fig -3.11 Amostras de sulfatos Processo de adição de bio adsorventes na água:

1. O procedimento experimental envolveu a recolha de um litro de amostra de água e a adição de 1 mg/litro de amoníaco e nitrato, dividindo-o depois em seis partes iguais de soluções de 150 ml.
2. Cada solução foi tratada com diferentes quantidades de bioadsorvente: 1 gm, 2 gm, 3 gm, 4 gm, 5gm e 6 gm.
3. Estas soluções foram então colocadas num rotador horizontal durante duas horas e subsequentemente filtradas até que a solução estivesse livre de partículas bio adsorventes.
4. Em seguida, foram realizados testes para identificar os níveis remanescentes de fluoretos, ferro, cloretos, sulfatos, nitratos, amoníaco, dureza e fosfato nas amostras de água tratada.
5. As percentagens de remoção de fluoretos, ferro, cloretos, sulfatos, nitratos, amoníaco, dureza e fosfato foram calculadas comparando os níveis pós-tratamento com as concentrações iniciais antes da adição de bioadsorventes.

6. Uma vez identificadas as percentagens de remoção, o projeto prosseguiu com os esforços de otimização. Esta otimização envolveu a variação de parâmetros como a temperatura, a velocidade de rotação e o pH para determinar o seu impacto nas percentagens de remoção de fluoretos, ferro, cloretos, sulfatos, nitratos, amoníaco, dureza e fosfato

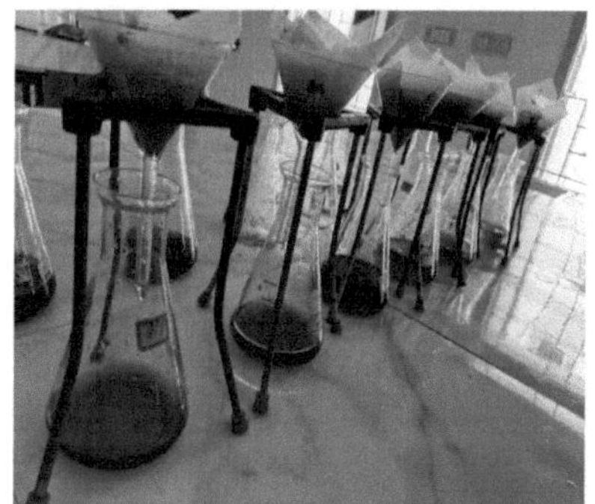

Fig -3.12 Adição de bioadsorventes à água

CAPÍTULO 4 RESULTADOS E DISCUSSÕES

4. GERAL

Este capítulo inclui os resultados obtidos após as experiências realizadas para a remoção de cloretos, sulfatos, fosfatos, ferro, fluoretos, dureza, amoníaco e nitratos em várias condições. Observa-se que o bio sorvente é capaz de remover cloretos, sulfatos, fosfatos, ferro, fluoretos, dureza, amoníaco e nitrato da água em condições naturais. Neste estudo, a concentração de metal foi inicialmente fixada com base na remoção máxima de cloretos, sulfatos, fosfatos, ferro, fluoretos, dureza, amoníaco e nitrato. A remoção de cloretos, sulfatos, fosfatos, ferro, fluoretos, dureza, amoníaco e nitrato para todas as outras variáveis foi observada nesta concentração fixa.

Remoção de diferentes parâmetros com diferentes dosagens de biossorvente

Após a preparação do biossorvente, temos de aplicar este biossorvente para a remoção de nitratos da água. A concentração inicial de nitrato é de 1mg/L. A remoção de cloretos, sulfatos, fosfatos, ferro, fluoretos, dureza, amoníaco e nitrato foi medida por um kit de teste de nitratos.

Remoção de nitratos vários bio-adsorventes

Recolhemos o bio adsorvente de hibisco, calêndula, tecomastans, crisântemo e flores de fogo mostrou que o melhor impacto na remoção de nitrato é de 6 gm. A partir da dosagem de 1 gm de bioadsorventes até 6 gm, a remoção de nitrato é mostrada na Fig. 4.2 de forma efectiva. A percentagem de remoção é calculada através da comparação do teor de nitratos antes e depois da adição dos bioadsorventes.

Tabela-4.1 Remoção de nitratos utilizando vários bio sorventes:

Flores	1gm(%)	2gm (%)	3gm(%)	4gm(%)	5gm(%)	6gm(%)
Calêndula	70	73	80	86	90	90
Fenda de fogo	94	90	90	80	60	40
Crisântemo	40	40	60	60	60	60
Hibisco	0	0	0	60	60	40
Tecoma Stans	90	90	80	80	60	40

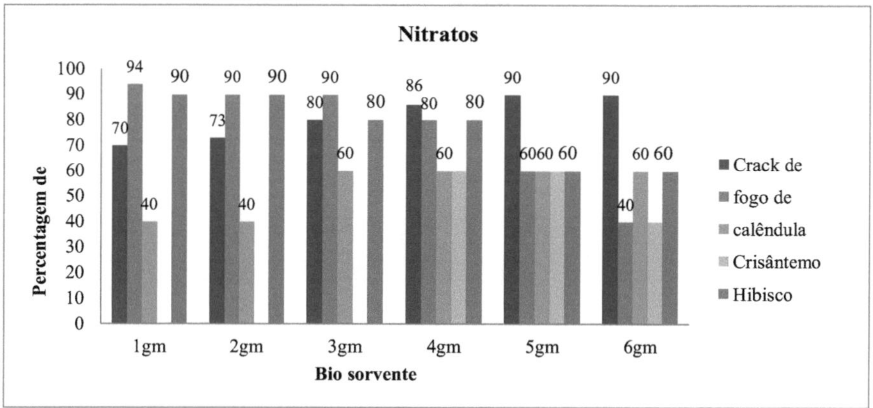

Fig -4.1 Remoção de nitratos através da utilização de vários bio-sorventes

A partir dos resultados da figura e do gráfico, observamos que a percentagem de remoção de nitratos utilizando o bio sorvente calêndula é de 70% para 1gm, 73% para 2gm, 80% para 3gm, 86% para 4gm, 90% para 5gm, 90% para 6gm. O bio sorvente de fenda de fogo é de 94% para 1gm, 90% para 2gm, 90% para 3gm, 80% para 4gm, 60% para 5gm, 40% para 6gm. O bio sorvente de crisântemo é de 40% para 1gm, 40% para 2gm, 60% para 3gm, 60% para 4gm, 60% para 5gm, 60% para 6gm. O bio sorvente de hibisco é 0% para 1 g, 0% para 2 g, 0% para 3 g, 60% para 4 g, 60% para 5 g e 40% para 6 g. O bio sorvente Tecoma stans é 90% para 1gm, 90% para 2gm, 80% para 3gm, 80% para 4gm, 60% para 5gm, 40% para 6gm.

Crack de fogo >Calêndula =Tecoma stans >Crisântemo=Hibisco

Por fim, observamos que a fenda de fogo é o melhor biossorvente para a remoção de nitratos

Remoção de cloretos vários biossorventes

Recolhemos o bioadsorvente de hibisco, calêndula, tecomastans, crisântemo e flores de fogo mostrou que o melhor impacto na remoção de cloretos é obtido com 5 gm. A partir de 1 gm de dosagem de bioadsorventes até 6 gm, a remoção de cloretos é mostrada na Fig. 4.3 de forma efectiva. A percentagem de remoção é calculada através da comparação do teor de cloretos antes e depois da adição dos bioadsorventes.

Flores	1gm(%)	2gm(%)	3gm(%)	4gm(%)	5gm(%)	6gm(%)
Calêndula	96.36	96.65	96.23	92.46	87.98	93.99
Fenda de fogo	65.035	61.11	38.45	32.5	30.8	28.6
Crysanthemum	68.25	56.64	60.97	66.29	45.73	41.25
Hibisco	62.46	64.76	63.63	59.3	62.37	64.19
Tecoma Stans	54.82	63.63	56.64	35.38	32.726	30.068

Tabela -4.2 Remoção de cloretos através da utilização de vários biossorventes

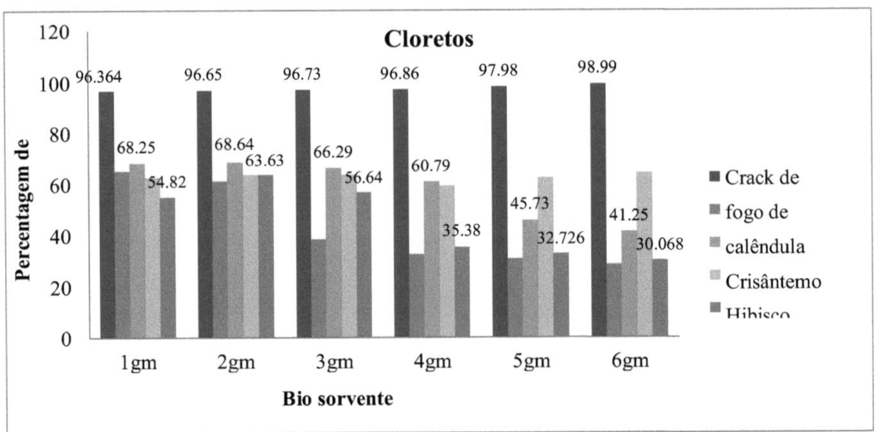

Fig -4.2 Remoção de cloretos através da utilização de vários bio-sorventes

A partir da fig., e do gráfico, observamos que a percentagem de remoção de cloretos com o bio sorvente calêndula é de 96,36% para 1gm, 96,65% para 2gm, 96,23% para 3gm, 96.46% para 4gm, 87.98% para 5gm, 93.99% para 6gm.Fire crack bio sorbent é 65.03% para 1gm, 61.11% para 2gm, 38.45% para 3gm, 32.5% para 4gm, 30.8% para 5gm, 28.6% para 6gm. O bio sorvente de crisântemo é 68,25% para 1gm, 56,64% para 2gm, 60,97% para 3gm, 66,29% para 4gm, 45,73% para 5gm, 41,25% para 6gm. O bio sorvente Hibiscus é 62,46% para 1gm, 64,76% para 2gm, 63,63% para 3gm, 59,3% para 4gm, 62,37% para 5gm, 64,19% para 6gm. Tecoma stans bio sorbent é 54,82% para 1gm, 63,63% para 2gm, 56,64% para 3gm, 35,38% para 4gm, 32,72% para 5gm, 30,06% para 6gm.

Calêndula >Crisântemo>Crack de fogo >Tecoma stans > Hibisco

Finalmente, observamos que a calêndula é o melhor biossorvente para a remoção de cloretos

4.3 Remoção de amoníaco utilizando vários bio sorventes

Recolhemos o bioadsorvente de hibisco, calêndula, tecomastans, crisântemo e flores de fogo mostrou que o melhor impacto na remoção de cloretos foi obtido com 5 gm. A partir da dosagem de 1 gm de bioadsorventes até 6 gm, a remoção de cloretos é mostrada na Fig. 4.3 de forma efectiva.

Flores	1gm(%)	2gm(%)	3gm(%)	4gm(%)	5gm(%)	6gm(%)
Calêndula	40	40	52.6	61.20	63.20	65
Fenda de fogo	40	43.3	58.9	68	70	72
Crisântemo	20	40	45	66	72	73.6
Hibisco	20	36	43	48	58.3	60
Tecoma Stans	20	30	40	40	60	75

Tabela-4.3 Remoção de amoníaco utilizando vários bio sorventes:

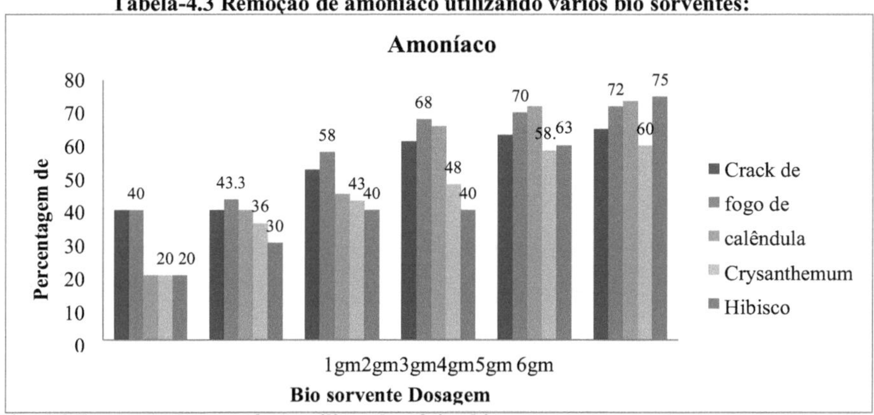

Fig -4.3 Remoção de amoníaco utilizando vários bio-sorventes

A partir da fig. e dos resultados do gráfico, observamos que a percentagem de remoção de amoníaco utilizando o bio sorvente calêndula é de 40% para 1gm, 40% para 2gm, 52,6% para 3gm, 61,20% para 4gm, 63,20% para 5gm, 65% para 6gm. O bio sorvente de fenda de fogo é de 40% para 1gm, 43,3% para 2gm, 58,9% para 3gm, 68% para 4gm, 70% para 5gm, 72% para 6gm. O bio sorvente de crisântemo é 20% para 1gm, 40% para 2gm, 45% para 3gm, 66% para 4gm, 72% para 5gm, 73,6% para 6gm. O bio sorvente de hibisco é de 20% para 1 g, 36% para 2 g, 43% para 3 g, 48% para 4 g, 58,3% para 5 g e 60% para 6 g. O bio sorvente Tecoma stans é 20% para 1gm, 30% para 2gm, 40% para 3gm, 40% para 4gm, 60% para 5gm, 75% para 6gm.

Tecoma stans > Crisântemo > Crack de fogo > Calêndula > Hibisco

Finalmente, observamos que o Tecoma stans é o melhor biossorvente para a remoção do amoníaco

4.5 Remoção de sulfatos utilizando vários sorventes biológicos

Recolhemos o bioadsorvente de hibisco, calêndula, tecomastans, crisântemo e flores de fogo mostrou que o melhor impacto na remoção de nitrato é obtido com 5 gm. A partir da dosagem de 1 gm de bioadsorventes até 6 gm, a remoção de sulfatos é mostrada na Fig.

Tabela-4.4 Remoção de sulfatos com a utilização de vários bio sorventes

Flores	1gm(%)	2gm(%)	3gm(%)	4gm(%)	5gm(%)	6gm(%)
Calêndula	65	44.5	35	25	20	15
Fenda de fogo	25	24	22	20	18	15
Crisântemo	95	90	87.5	86.5	81	80
Hibisco	62	43	40	39	37	26
Tecoma Stans	95	93.5	90.5	89	80.5	74.5

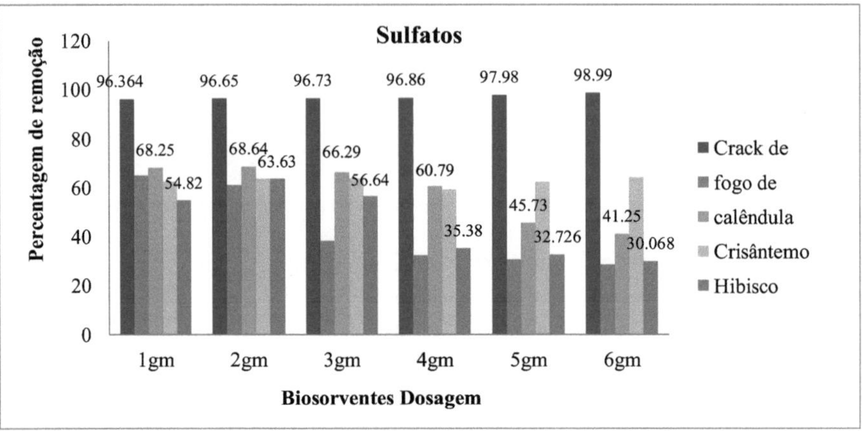

Fig -4.4 Remoção de sulfatos utilizando vários bio-sorventes

A partir dos resultados da figura e do gráfico, observamos que a percentagem de remoção de sulfatos utilizando bio sorvente de calêndula é de 65% para 1gm, 44,5% para 2gm, 35% para 3gm, 25% para 4gm, 20% para 5gm, 15% para 6gm. O bio sorvente de fenda de fogo é de 25% para 1gm, 24% para 2gm, 22% para 3gm, 20% para 4gm, 18% para 5gm, 15% para 6gm. O bio sorvente de crisântemo é de 95% para 1gm, 90% para 2gm, 87,5% para 3gm, 86,5% para 4gm, 81% para 5gm, 80% para 6gm. O bio sorvente de hibisco é de 62% para 1 g, 43% para 2 g, 40% para 3 g, 39% para 4 g, 37% para 5 g e 26% para 6 g. O bio sorvente Tecoma stans é de 95% para 1gm, 93,5% para 2gm, 90,5% para 3gm, 89% para 4gm, 80,5% para 5gm, 74,50% para 6gm.

Tecoma stans = Crisântemo>Calêndula>Hibisco>Crack de fogo

Finalmente, observamos que o Tecoma stans é o melhor biossorvente para a remoção de sulfatos

Remoção de fosfatos através da utilização de vários biossorventes

Recolhemos o bioadsorvente de hibisco, calêndula, tecomastans, crisântemo e flores de fogo mostrou que o melhor impacto na remoção de fosfatos a 5 g. A partir de 1 gm de dosagem de bioadsorventes para 6 gm, a remoção de fosfatos é mostrada na Fig. A percentagem de remoção é calculada pela comparação do teor de fosfatos antes e depois da adição dos bioadsorventes.

Tabela-4.5: Remoção de fosfatos utilizando vários biossorventes

Flores	1gm(%)	2gm(%)	3gm(%)	4gm(%)	5gm(%)	6gm(%)
Calêndula	100	100	33.33	33.33	16.66	16.66
Fenda de fogo	88.32	66.33	33.33	16.66	16.67	16.98
Crysanthemum	100	100	66.33	33.33	16.66	16.67
Hibisco	100	98	88	63	33.33	33.33
Tecoma Stans	100	58.3	62.6	82.5	33.33	33.33

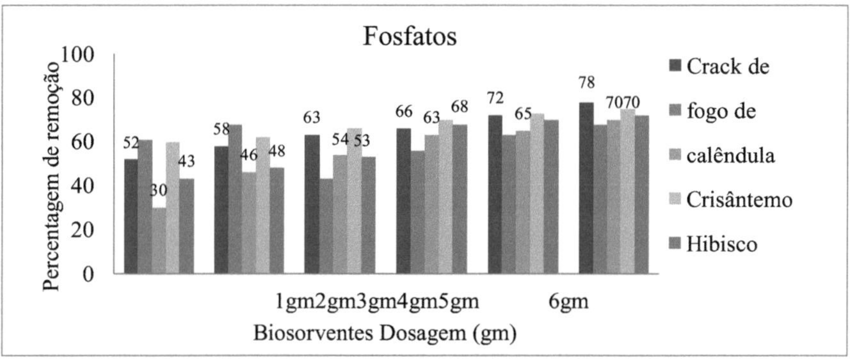

Fig -4.5 Remoção de fosfatos utilizando vários bio-sorventes

A partir da fig., e dos resultados do gráfico, observamos que a percentagem de remoção de fosfatos utilizando bio sorvente de calêndula é de 100% para 1gm, 100% para 2gm, 33,33% para 3gm, 33,33% para 4gm, 16.66% para 5gm, 16.66% para 6gm.Fire crack bio sorbent é 88.32% para 1gm, 66.33% para 2gm, 33.33% para 3gm, 16.66% para 4gm, 16.67% para 5gm, 16.98% para 6gm. O bio sorvente de crisântemo é 100% para 1gm, 100% para 2gm, 66,33% para 3gm, 33,33% para 4gm, 16,66% para 5gm, 16,67% para 6gm. O bio sorvente Hibiscus é 100% para 1gm, 98% para 2gm, 88% para 3gm, 63% para 4gm, 33,33% para 5gm, 33,33% para 6gm. O bio sorvente Tecoma stans é 100% para 1gm, 58,3% para 2gm, 62,6% para 3gm, 82,5% para 4gm, 33,33% para 5gm, 33,33% para 6gm.

Tecoma stans = Crisântemo = Hibisco = Calêndula >Crack de fogo

Finalmente, observamos que o Tecoma stans é o melhor biossorvente para a remoção de fosfatos

Ferro

Recolhemos o bioadsorvente de hibisco, calêndula, tecomastans, crisântemo e flores de fogo mostrou que o melhor impacto na remoção de ferro é obtido com 5 gm. A partir da dosagem de 1 gm de bioadsorventes até 6 gm, a remoção de ferro é mostrada na Fig. efectiva. A percentagem de remoção é calculada através da comparação do teor de ferro antes e depois da adição dos bioadsorventes.

Tabela-4.6: Remoção de ferro utilizando vários biossorventes

Flores	1gm(%)	2gm(%)	3gm(%)	4gm(%)	5gm(%)	6gm(%)
Calêndula	52	58	63	66	72	78
Fenda de fogo	61	68	43	56	59	65
Crisântemo	30	46	54	63	65	70
Hibisco	60	62	66.3	70	73	75
Tecoma Stans	43	48	53	68	70	72

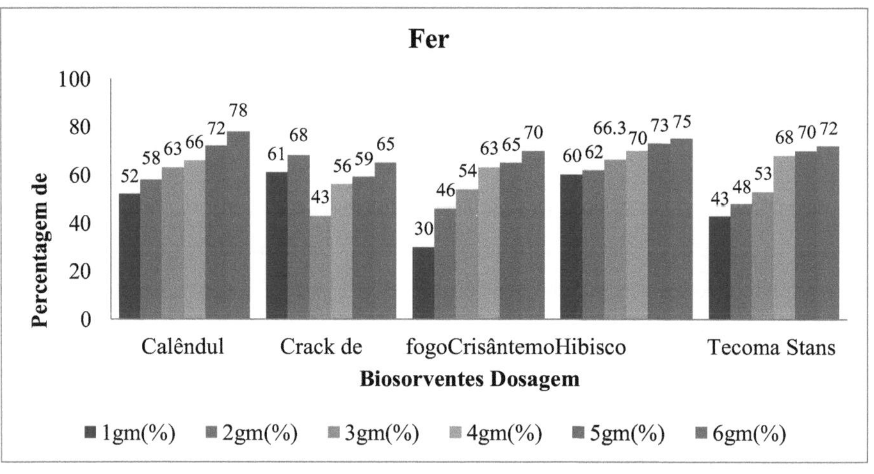

Fig -4.6 Remoção de ferro utilizando vários bio-sorventes

A partir da figura e dos resultados do gráfico, observamos que a percentagem de remoção de ferro utilizando o bio sorvente calêndula é de 52% para 1gm, 58% para 2gm, 63% para 3gm, 66% para 4gm, 72% para 5gm, 78% para 6gm. O bio sorvente de fenda de fogo é de 61% para 1gm, 68% para 2gm, 43% para 3gm, 56% para 4gm, 59% para 5gm, 65% para 6gm. O bio sorvente de crisântemo é de 30% para 1 g, 46% para 2 g, 54% para 3 g, 63% para 4 g, 65% para 5 g e 70% para 6 g. O bio sorvente de hibisco é de 60% para 1 g, 62% para 2 g,

66,3% para 3 g, 70% para 4 g, 73% para 5 g e 75% para 6 g. O bio sorvente Tecoma stans é de 43% para 1gm, 48% para 2gm, 53% para 3gm, 68% para 4gm, 70% para 5gm, 72% para 6gm.

Calêndula>>Hibisco>Tecoma stans>Crisântemo>Crack de fogo

Finalmente, observamos que a calêndula é o melhor biossorvente para a remoção de ferro

Dureza

Recolhemos o bio adsorvente de hibiscusmarigold, tecomastans, crisântemo e flores de fogo mostrou que o melhor impacto na remoção de nitrato a 5 gm. A partir da dosagem de 1 gm de bioadsorvente até 6 gm, a remoção da dureza é mostrada na Fig. efectiva. A percentagem de remoção é calculada através da comparação do teor de nitratos antes e depois da adição dos bioadsorventes.

Tabela -4.7 Remoção de dureza utilizando vários biossorventes

Flores	1gm(%)	2gm(%)	3gm(%)	4gm(%)	5gm(%)	6gm(%)
Calêndula	55.319	61.70	38.29	34.04	30.85	17.02
Fenda de fogo	59.57	58.51	48.93	47.87	42.55	39.36
Crysanthemum	76.59	64.89	65.95	56.38	41.48	29.78
Hibisco	69.14	68.08	75.53	70.212	71.27	75.53
Tecoma Stans	75.53	84.04	68.08	73.40	64.89	78.72

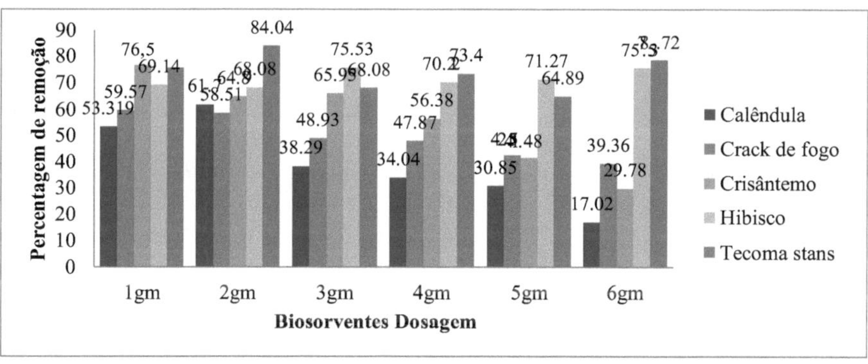

Fig -4.7 Remoção de dureza utilizando vários bio-sorventes

A partir da fig., e dos resultados do gráfico, observamos que a percentagem de remoção de dureza utilizando o bio sorvente de calêndula é de 55,319% para 1gm, 61,70% para 2gm, 38,29% para 3gm, 34.04% para 4gm, 30.58% para 5gm, 17.02% para 6gm.Fire crack bio sorbent é 59.57% para 1gm, 58.51% para 2gm, 48.93% para 3gm, 47.87% para 4gm, 42.55% para 5gm, 39.36% para 6gm. O bio sorvente de crisântemo é 76,59% para 1gm, 64,89% para 2gm, 65,95% para 3gm, 56,38% para 4gm, 41,48% para 5gm, 29,78% para 6gm. O bio sorvente Hibiscus é 69,14% para 1gm, 68,08% para 2gm, 75,53% para 3gm, 70,212% para

4gm, 71,27% para 5gm, 75,53% para 6gm. Tecoma stans bio sorbent é 75,53% para 1gm, 84,04% para 2gm, 68,08% para 3gm, 73,40% para 4gm, 64,89% para 5gm, 78,72% para 6gm.

Tecoma stans >Crisântemo>Hibisco>Calêndula>Crack de fogo

Finalmente, observamos que o Tecoma stans é o melhor biossorvente para a remoção da dureza

Fluoretos

Recolhemos o bioadsorvente de hibisco, calêndula, tecomastans, crisântemo e flores de fogo mostrou que o melhor impacto na remoção de fluoretos é de 5 g. A partir de 1 g de dosagem de bioadsorventes até 6 g, a remoção de fluoretos é mostrada na Fig. A percentagem de remoção é calculada através da comparação do teor de fluoretos antes e depois da adição dos bioadsorventes.

Tabela -4.8 Remoção de fluoretos através da utilização de vários biossorventes

Flores	1gm(%)	2gm(%)	3gm(%)	4gm(%)	5gm(%)	6gm(%)
Calêndula	75	72	66	62	56	30
Fenda de fogo	20	43	54.6	64.8	68	70
Chrysanthemum	55	60	62	68	70	80
Hibisco	30	38	42.6	53.6	66.8	72
Tecoma Stans	40	50	50	60	62.03	75

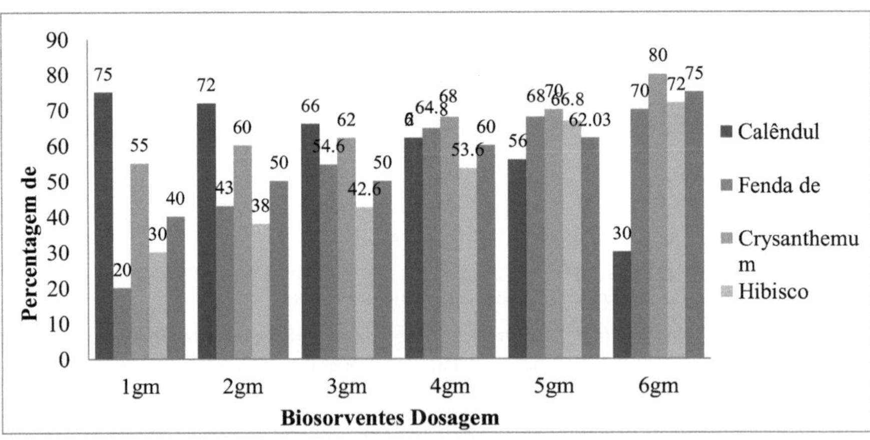

Fig -4.8 Remoção de fluoretos utilizando vários bio-sorventes

A partir da fig. e dos resultados do gráfico, observamos que a percentagem de remoção de fluoretos utilizando o bio sorvente calêndula é de 75% para 1gm, 72% para 2gm, 66% para

3gm, 62% para 4gm, 56% para 5gm, 30% para 6gm. O bio sorvente de fenda de fogo é de 20% para 1gm, 43% para 2gm, 54,6% para 3gm, 64,8% para 4gm, 68% para 5gm, 70% para 6gm. O bio sorvente de crisântemo é de 55% para 1gm, 60% para 2gm, 62% para 3gm, 68% para 4gm, 70% para 5gm, 80% para 6gm. O bio sorvente Hibiscus é de 30% para 1gm, 38% para 2gm, 42,6% para 3gm, 53,6% para 4gm, 66,8% para 5gm, 72% para 6gm. O bio sorvente Tecoma stans é 40% para 1gm, 50% para 2gm, 50% para 3gm, 60% para 4gm, 62,03% para 5gm, 75% para 6gm.

Crisântemo>Tecoma stans = Calêndula> Hibisco>Crack de fogo

Finalmente, observamos que o crisântemo é o melhor biossorvente para a remoção de fluoretos

A partir das figuras, podemos observar taxas de remoção significativas para vários contaminantes: nitratos a 94% para a bombinha, cloretos a 96,65% para a calêndula, amoníaco a 75% para a tecoma stans, sulfatos a 95% para a tecoma stans, fósforo a 100% para a tecoma stans, ferro a 78% para a calêndula, dureza a 84% para a tecoma stans e fluoretos a 80% para o crisântemo.

CAPÍTULO -5 OPTIMIZAÇÃO

5. Otimização de diferentes biossorventes na remoção de diferentes parâmetros da água de

O estudo dos efeitos dos biossorventes na água quando adicionados para remover metais pesados presentes na água em várias situações, tais como pH, mudança de temperatura, dose de biossorvente, velocidade de rotação e tempo de contacto do biossorvente é conhecido como otimização. Utilizámos os bio sorventes hibisco, crisântemo, tecoma stans e fire crack para remover nitritos, sulfatos, dureza e amoníaco da água poluída como os melhores bio sorventes médios. O bio sorvente de resíduos de flores de crisântemo, hibisco, tecoma stans e fire crack é barato, rapidamente seco e em pó. O biossorvente feito de tecoma stans está agora a ser tratado em vários locais para investigar como as caraterísticas da água se alteram.

Otimização para a remoção de diferentes parâmetros em água

A percentagem de eliminação de nitritos, sulfatos, amoníaco e dureza em cada um destes biossorventes com um parâmetro, nomeadamente a fenda de fogo, o crisântemo, o hibisco e o tecoma stans, é elevada após a seleção dos cinco biossorventes. Os biossorventes fire crack tiveram o desempenho mais notável em termos de remoção total de nitritos da água. Consequentemente, é necessário determinar o teor ideal de biossorvente, o pH, a temperatura, a duração e a velocidade de agitação para a remoção de nitritos da água poluída. Devido à sua notável seletividade, facilidade de manuseamento, custos operacionais reduzidos e elevada eficácia na remoção de pequenas quantidades de metais pesados de soluções diluídas, a tecnologia de biossorção tornou-se uma alternativa viável aos tratamentos tradicionais para águas residuais poluídas com metais pesados. O pH, a temperatura, a concentração inicial de iões metálicos, a dose de biossorvente, a velocidade de agitação e a duração do contacto afectam a biossorção. Os biossorventes combinados mostraram caraterísticas de adsorção superiores para a remoção de iões nitrito de soluções aquosas.

Otimização do pH para a remoção de nitritos, sulfatos, amoníaco e dureza

Foi investigado o efeito do pH na adsorção de nitritos, sulfato, amoníaco e dureza pelo biossorvente fire crack. O pH da água deve ser mantido dentro da gama da água potável, e o pH é ajustado após a adição do biossorvente de folha de goiabeira com base nas concentrações das doses. Verificou-se que quando o pH da água contaminada com nitritos aumenta, a quantidade de nitritos nas amostras de água diminui.

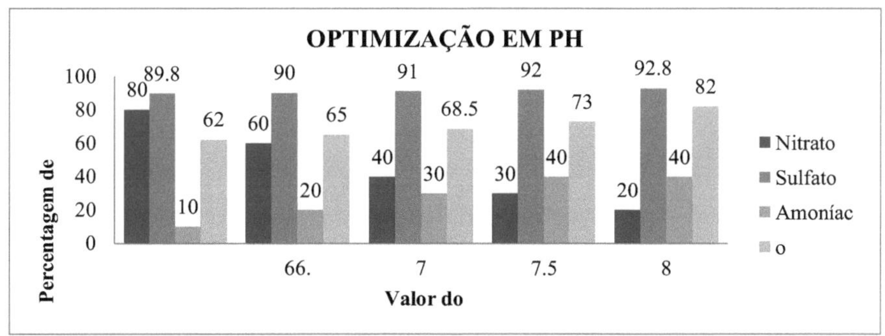

Fig 5.1 Otimização do pH para a remoção de nitritos, sulfato, amoníaco e dureza

Otimização da dosagem de bio-sorvente na remoção de nitritos, sulfatos e amoníaco de águas contaminadas

A quantidade de bio-sorvente utilizada tem um impacto significativo na quantidade de nitritos, sulfatos e amoníaco removidos da água. Uma vez que os bio sorventes fornecem sítios de ligação para a biossorção de nitritos, a sua dose tem um impacto significativo no processo de biossorção. O aumento da dose de biossorvente aumenta a biossorção de nitratos numa dada concentração inicial de iões nitritos devido ao aumento da área de superfície, aumentando o número de locais de ligação acessíveis. A quantidade de nitrato biossorvido por unidade de peso de biossorvente foi elevada em concentrações mais baixas de biossorvente. Em contrapartida, com maiores concentrações de biossorvente, a quantidade de ião nitrito biossorvido por unidade de peso diminui. Isto deve-se à redução do rácio adsorvente/sítios de ligação, causada por um soluto inadequado presente para dispersão completa nos sítios de ligação acessíveis e provável interação do sítio de ligação. A quantidade de adsorvente é um fator-chave, uma vez que a adsorção depende principalmente da área de superfície do adsorvente disponível para o contacto do poluente na interface. Esta dosagem de bio-adsorvente é calibrada para o nível exato que elimina a maior parte dos nitritos da água. O biossorvente Fire crack, Chrysanthemum, Hibiscus é adicionado à água contaminada com nitratos, sulfatos e amoníaco em 0,6 a 1,6 gramas.

Percentagem de

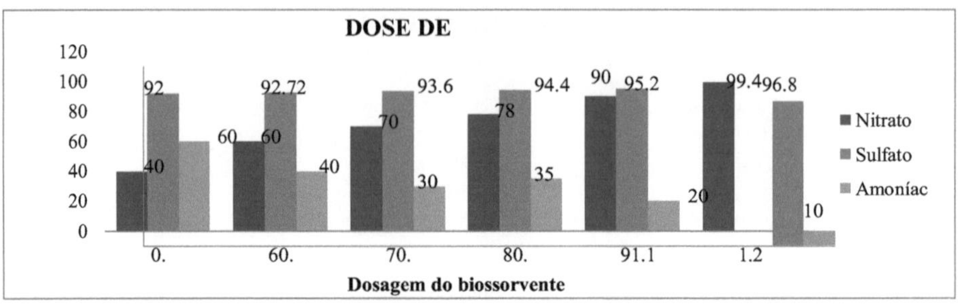

Fig 5.2 - Otimização da dosagem de bio-sorvente na remoção de nitritos, sulfatos e amoníaco de águas contaminadas

Pegámos em várias quantidades de materiais bio-sorventes mais próximas da dose ideal observada no teste de dosagem padrão, adicionámo-las às amostras de água e avaliámos a sua eficácia de remoção para determinar a dosagem ideal. A eliminação do ferro da amostra de água foi de 40% com a dose de 0,6 g de Fire crack e de 99,4% para as restantes dosagens a partir de 1,2 g, de 92% com a dose de 0,6 g de crisântemo e de 96,8% para as restantes dosagens a partir de 1,6 g, de 95% com a dose de 0,6 g de hibisco e de 100% para as restantes dosagens a partir de 1,6 g. De acordo com o gráfico acima, o aumento da concentração da dose de adsorvente aumentou a percentagem de remoção de ferro, mas os aumentos subsequentes da dose tiveram pouco efeito no rendimento da biossorção. Isto indica que a adsorção máxima foi atingida após uma determinada quantidade de adsorvente. Como resultado, o número de iões ligados ao adsorvente e o número de iões livres permanecem constantes mesmo quando a dose de adsorvente é aumentada.

Otimização da dosagem de biossorvente na remoção de dureza de águas contaminadas

Esta dosagem de bio-adsorvente é calibrada para o nível exato que elimina a maior parte da dureza da água. O biossorvente Tecoma stans é adicionado à água contaminada com dureza em

1,6 a 2,2 gramas. Pegámos em várias quantidades de materiais bio-sorventes mais próximas da dose ideal observada no teste de dosagem padrão, adicionámo-las às amostras de água e avaliámos a sua eficácia de remoção para determinar a dosagem ideal.

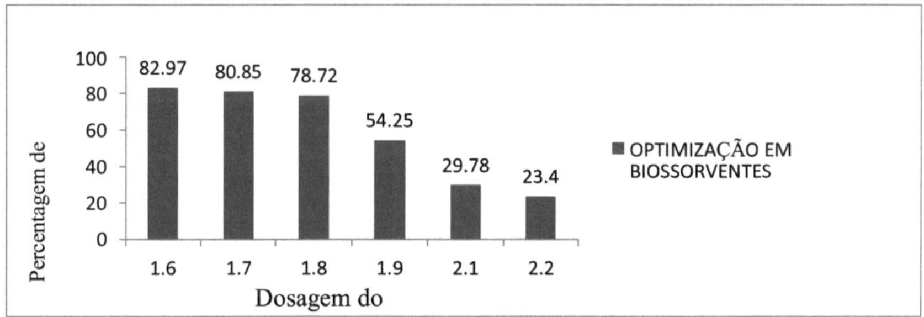

Fig -5.3 Otimização da dosagem de biossorvente na remoção da dureza da água contaminada

A eliminação do ferro da amostra de água foi de 95% na dose de 0,6g de tecoma stans e de 100% para as restantes doses a partir de 1,6g. De acordo com o gráfico acima, o aumento da concentração da dose de adsorvente aumentou a percentagem de remoção de ferro, mas os aumentos subsequentes da dose tiveram pouco efeito no rendimento da biossorção. Isto indica que a adsorção máxima foi atingida após uma determinada quantidade de adsorvente. Como resultado, o número de iões ligados ao adsorvente e o número de iões livres permanecem constantes mesmo quando a dose de adsorvente é aumentada.

Otimização do tempo de contacto na remoção de nitritos, sulfatos, amoníaco e dureza

A 30°C, o efeito do tempo de contacto foi investigado alterando o período de contacto de 30 para 150 minutos. A dosagem de adsorvente e o pH foram correspondentemente fixados em 2 e 6 para todos estes ensaios. O tempo de contacto dos bioadsorventes na água é o período entre a adição do bioadsorvente e a filtragem da água do bioadsorvente após a rotação das amostras no agitador rotativo. Em primeiro lugar, temos de determinar quanto tempo é necessário para rodar a amostra no rotador em circunstâncias óptimas. O gráfico foi criado utilizando os resultados obtidos na experiência. Indica que 98% dos nitritos foram removidos em 90 minutos e que a eliminação total de nitritos em 120 minutos produziu um resultado de 100%. A percentagem máxima de remoção de nitritos foi atingida aos 120 minutos de tempo de agitação. Ao aumentar o tempo de contacto, a remoção de nitritos, sulfatos, amoníaco e dureza também aumenta.

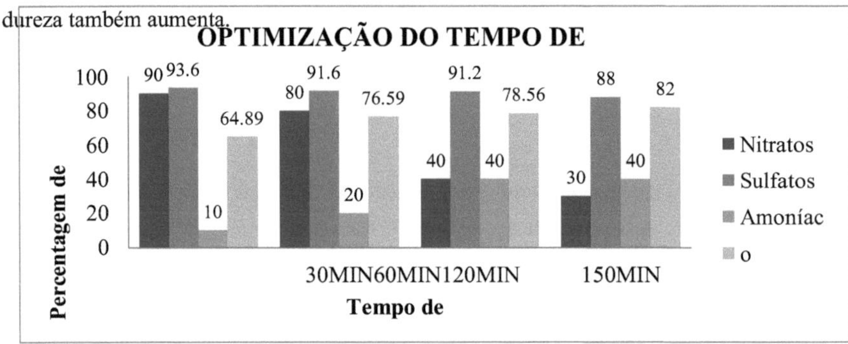

Fig 5.4 Otimização do tempo de contacto na remoção de nitritos, sulfatos, amoníaco e dureza

Após 120 minutos (2 horas) de agitação, a proporção máxima de nitratos, sulfatos, amoníaco e dureza foi removida. A adsorção de nitratos, sulfatos, amoníaco e metais duros aumenta à medida que a duração do contacto aumenta, mas mantém-se constante até ser atingido o equilíbrio. Isto deve-se muito provavelmente ao facto de uma maior área de superfície do adsorvente estar acessível no início do processo de adsorção; no entanto, à medida que o processo de adsorção progride, o número de sítios disponíveis no biossorvente diminui, baixando a taxa de adsorção. Além disso, antes de ser atingido o equilíbrio, a remoção de nitratos, sulfatos, amoníaco e dureza foi aumentada quando o tempo de contacto foi aumentado.

Otimização da velocidade de agitação na remoção de nitratos, sulfatos, amoníaco e dureza

A velocidade de rotação tem um impacto significativo na remoção de nitritos da água poluída. Nestes ensaios, o nitrito é removido com sucesso pelo bioadsorvente de flor de craqueamento a que taxas de rotação.

Os materiais foram colocados em frascos cónicos no ensaio de velocidade de agitação, tendo sido adicionada a quantidade adequada de bio-sorvente. Estes frascos foram então colocados num agitador rotativo e agitados a diferentes velocidades durante 1 hora. A influência do tempo de contacto no grau de adsorção de nitritos no biossorvente de flores de craqueamento foi investigada no intervalo de tempo de 120 minutos, enquanto outros factores, como a dose de adsorvente e a temperatura, foram mantidos constantes em cada experiência.

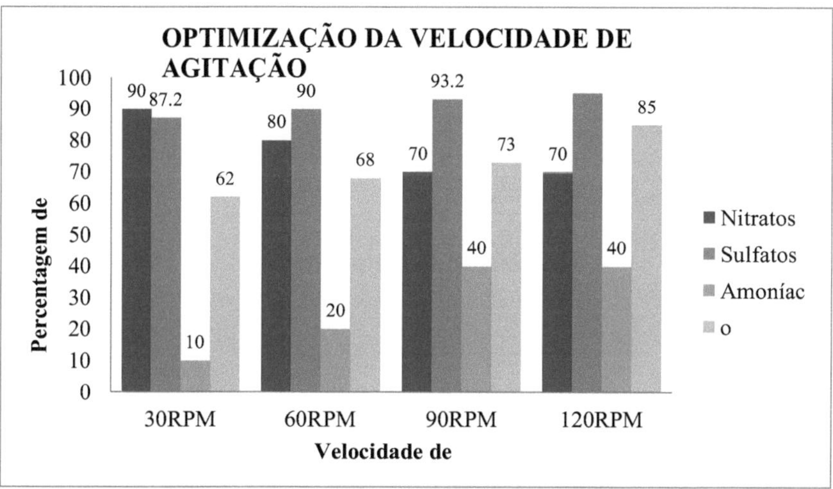

Fig - 5.5 Otimização da velocidade de agitação na remoção de nitratos, sulfatos, amoníaco e dureza

As amostras foram avaliadas quanto à eficiência de remoção para determinar a melhor velocidade de rotação. A velocidade de rotação varia de 30 a 120 rotações por minuto. 70% do nitrato foi removido com a dose ideal de 3g de fire crack e agitador a 30 rpm, 60% do nitrato foi removido a 95 rpm e 100% do nitrato foi removido a 90 rpm, com o aumento da velocidade de rotação que se tornou constante. Podemos ver no gráfico abaixo que as percentagens de remoção de nitritos aumentam com a velocidade de rotação até atingir 90 rpm, altura em que se torna consistente.

Otimização da temperatura de remoção de nitratos, sulfatos, amoníaco e dureza

A uma concentração inicial de nitrato, os efeitos da temperatura na capacidade de sorção de equilíbrio do nitrato foram examinados a temperaturas que variam de 30 a 45°C. Além disso, durante o processo de adsorção, a temperatura influencia diretamente a taxa de reatividade entre o biossorbato e o biossorvente presente na solução aquosa. Com o aumento da temperatura, a taxa de difusão das moléculas de absorvato aumenta na camada limite da superfície e dentro dos poros do adsorvente. Como resultado, a viscosidade da solução pode ser reduzida. Além disso, a alteração da temperatura afecta a capacidade de equilíbrio do adsorvente para um determinado adsorvato.

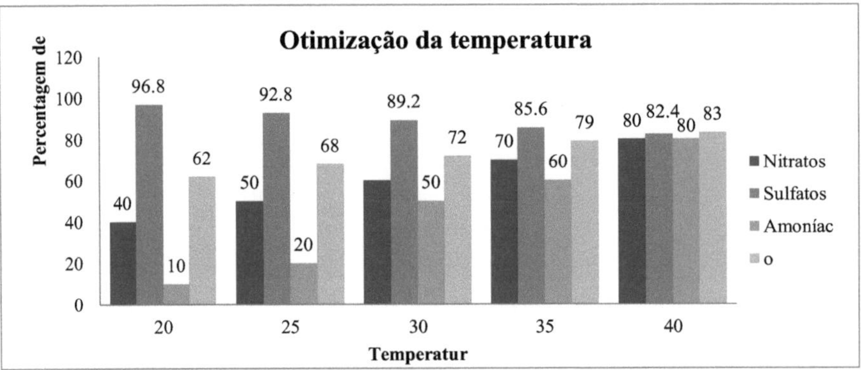

Fig -5.6 Otimização da temperatura na remoção de nitratos, sulfatos, amoníaco e dureza da água contaminada

Este estudo adicionou 2,7 gramas de bio sorventes de flor de craque de fogo a 1 miligrama por litro de água contaminada com nitritos. A percentagem de nitratos removidos aumenta à medida que a temperatura sobe de 30 para 45 graus Celsius. A 30°C, 90% do nitrato é removido; no entanto, a 40°C, 100% do nitrato é removido. A causa disto pode ser devida a uma perturbação do equilíbrio dos iões na solução, à degradação dos locais de ligação ativa na biomassa de resíduos de soja ou a uma maior tendência para dessorver iões metálicos da interface da solução. Uma vez que os iões metálicos se tornam mais móveis a temperaturas mais elevadas, o processo de adsorção é aconselhado a ser endotérmico. A otimização da temperatura na remoção de nitratos da água contaminada é mostrada na figura acima. A experiência é efectuada num agitador de banho-maria para aumentar a temperatura da temperatura ambiente para uma temperatura elevada.

Otimização final do biossorvente fire crack, crisântemo, Hibiscus e Tecoma stans para a remoção de nitratos, sulfatos, amoníaco e dureza

Foram propostos pré-tratamentos físicos e químicos para melhorar as suas caraterísticas e aumentar a sua capacidade de biossorção. Estas modificações têm um impacto significativo no comportamento dos biossorventes em termos de remoção de nitratos, sulfatos, amoníaco e dureza e são um fator essencial a considerar ao otimizar a sua utilização como biossorventes.

Os números no ponto de rutura sugerem que o biossorvente fire crack, crisântemo, Hibiscus e Tecoma stans com os melhores resultados foi a remoção de ferro, de acordo com os parâmetros da curva de rutura. A sorção óptima foi obtida a um pH básico de 8, a dosagem óptima é de 1,2 gm, o tempo de contacto é de 60 min, a temperatura óptima é de 50° C e a velocidade de agitação óptima é de 120rpm.

Tabela 5.5.1: Remoção máxima de nitrato de água contaminada a diferentes pH, tempo e temperatura por biossorventes de fissuras de fogo

Biosorventes	**Percentagem máxima de remoção %**	**Dosagem de biossorvente (gm)**	**pH**	**Tempo de contacto (min)**	**Temperatura (° C)**	**Velocidade de agitação (rpm)**
Fenda de fogo	100%	1.2	6	90	50 C°	120
Flor de hibisco	100%	0.6	8	60	50 C°	120
Crisântemo	100%	1.2	7	60	30 C°	120
Tecoma stans	100%	1.6	8	60	35 C°	120

- A variável para a remoção adsorvente de contaminantes de nitrato também foi fornecida no processo de otimização. A utilização de técnicas padrão para um sistema multivariável requer muitas experiências para estabelecer as definições óptimas, o que leva muito tempo.
- Para compreender o efeito de interação, isto ajuda a otimizar os parâmetros experimentais e o desenvolvimento de um modelo estatístico válido que tem sido amplamente utilizado.
- O principal objetivo da investigação é estabelecer a condição óptima dessas variáveis de processo, a fim de alcançar a maior eficiência de remoção de nitritos numa operação em grande escala.

CAPÍTULO 6. ESTUDO CINÉTICO

Estudo cinético da água:

A destilação é um método eficaz para a remoção de compostos inorgânicos, como metais (como o chumbo), cloretos e outras partículas indesejáveis, como fluoretos, ferro, fosfato, amoníaco, dureza, sulfatos e nitratos, de fontes de água contaminadas. Além disso, o processo de ebulição inerente à destilação também serve para erradicar microorganismos como bactérias e certos vírus. Outro aspeto importante a considerar quando se estuda a destilação para o tratamento da água é a influência de factores naturais como o clima, a geologia e a utilização do solo na qualidade da água. Estes factores podem afetar diretamente a presença e os tipos de contaminantes encontrados nas fontes de água, bem como a eficiência dos vários métodos de tratamento. Em resumo, a análise da destilação como método de tratamento de água é de extrema importância para garantir o acesso a água potável segura e potável, particularmente em regiões onde as fontes de água são escassas ou contaminadas. A compreensão e a abordagem destes factores são passos cruciais para se conseguir um acesso generalizado a água potável limpa.

Cloretos:

Equação química do biossorvente R^2 valor

Cloretos de hibisco Y=0,1977x+96, 091$R^2 = 0{,}9612$

y=96,093$e^{0.002x}$ $R^2 = 0{,}9615$

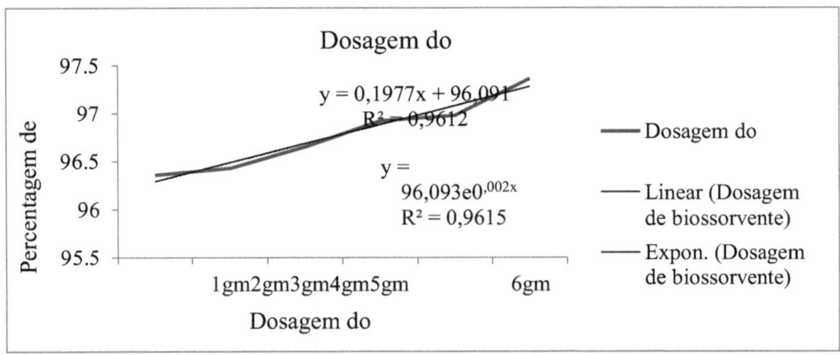

Fig -6.1 Estudo cinético para o biossorvente Hibiscus em Fluoretos exponencial e linear:

Equação química do biossorvente Valor R^2

Fluoretos de Tecoma stans y=6,3169x+34,063 $R^2 = 0{,}9421$

y=37,022$e^{0.1135x}$ $R^2 = 0{,}9478$

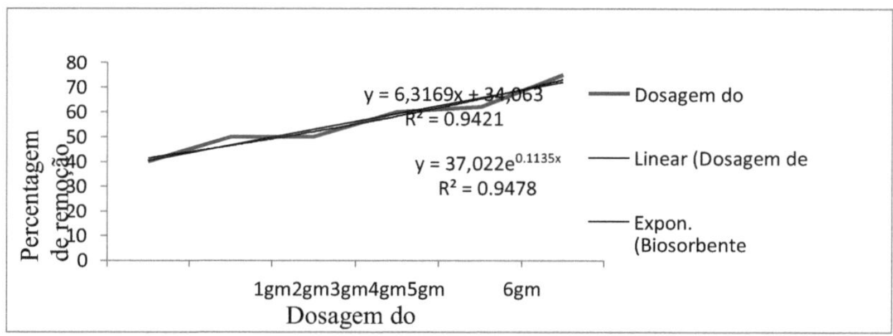

Fig -6.2 Estudo cinético para o biossorvente Tecoma stans em regime exponencial e linear

Ferro:

Equação química do biossorventeValor R^2 Ferro Tecoma stans $y=6,4571x+36,4$ $R^2 = 0,9307$ $y=38,941e^{0.1131x}$ $R^2 = 0,9293$

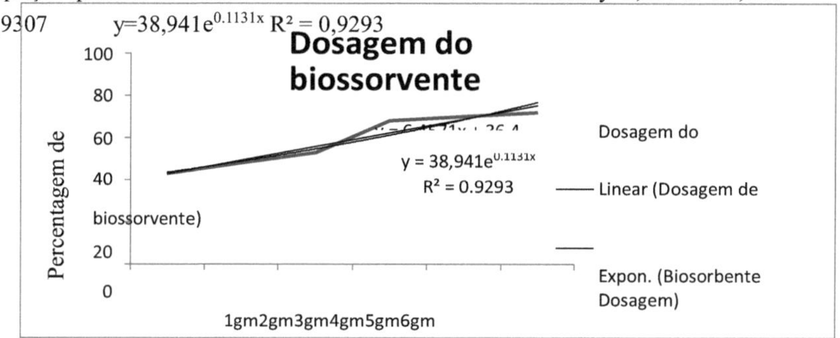

Fig-6.3 Estudo cinético para o biossorvente Tecoma stans em Fosfato exponencial e linear:

Equação química do biossorventeValor R^2

Hibiscus phosphate $y=-15.782x+124.51$ $R^2 = 0.9189$, $y=155.02e^{-0.259x}$ $R^2 = 0.8817$

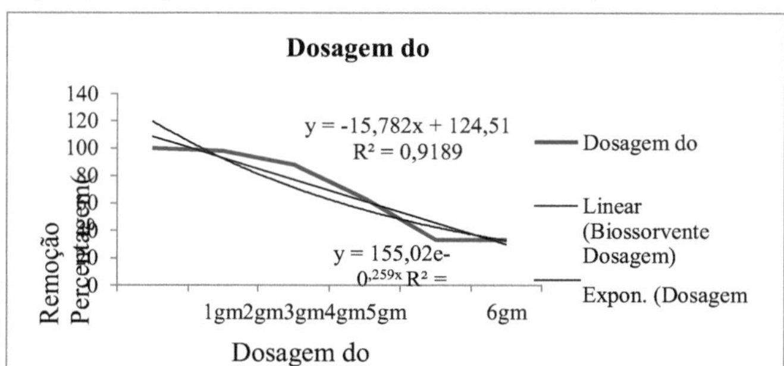

Fig- 6.4 Estudo cinético para o biossorvente Tecoma stans em regime exponencial e linear

Sulfatos:

Equação química do biossorvente Valor R^2

Sulfato de crisântemo y=-2,9429x+96,967 $R^2 = 0,9602$

y=97,418e$^{-0.034x}$ $R^2 = 0,9624$

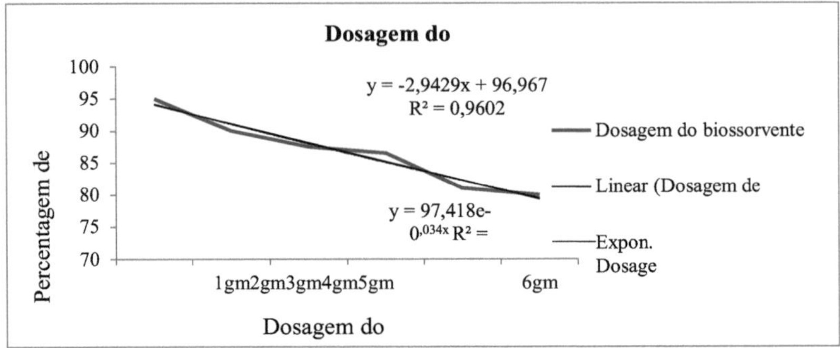

Fig- 6.5 Estudo cinético para o biossorvente Chrysanthemum em dureza exponencial e linear:

Equação química do biossorvente Valor R^2

Tecoma stans Dureza y=-3,7086x+87,09 $R^2 = 0,9874$

y=88.02e$^{-0.05x}$ $R^2 = 0.9874$

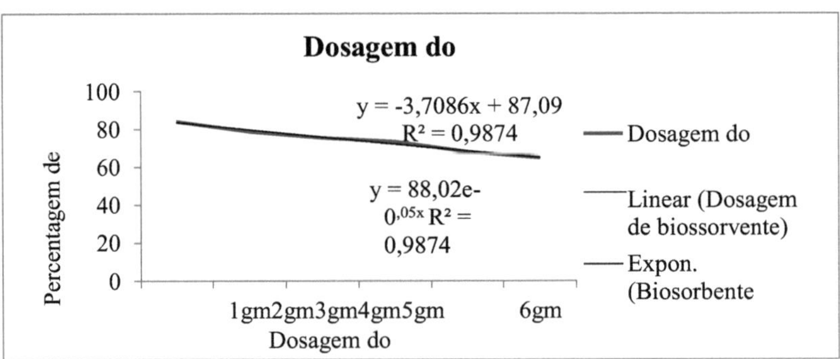

Fig-6.6 Estudo cinético para o biossorvente Tecoma stans em Nitratos exponencial e linear:

Equação química do biossorvente Valor R^2

Nitrato de Tecoma stans y=-10,857x+112,67 $R^2 = 0,9155$

y=126.68e$^{-0.163x}$ $R^2 = 0.8497$

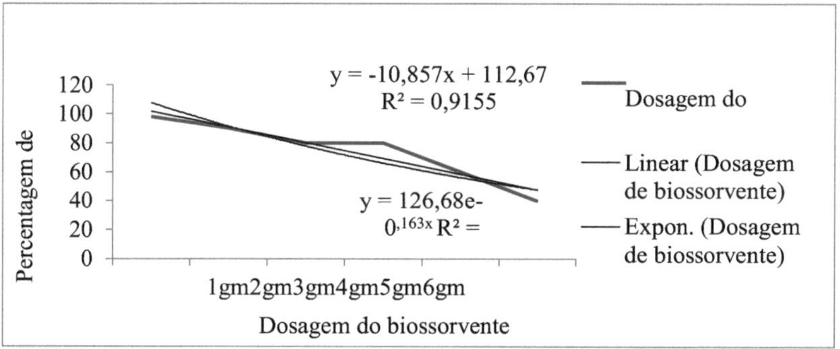

Fig- 6.7 kinetic study for Tecoma stans biosorbent in exponential and linearAmmonia:

Equação química do biossorvente Valor R^2

Hibisco Amoníaco y=9,6257x+12,693 $R^2 = 0,9719$

$y=19,265e^{0.2294x}$ $R^2 = 0,9189$

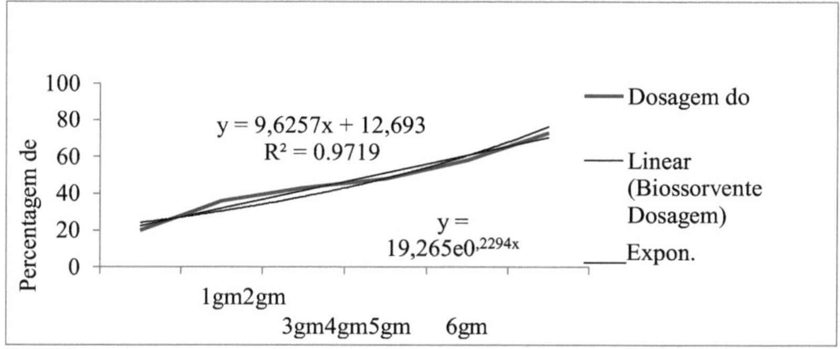

Fig- 6.8 Estudo cinético para o biossorvente Tecoma stans em regime exponencial e linear

Nas últimas décadas, as preocupações ambientais têm sido um ponto fulcral para os investigadores de todo o mundo. As águas residuais industriais estão carregadas de poluentes que colocam em risco tanto os organismos vivos como o ambiente. Ao contrário dos poluentes orgânicos, os cloretos metálicos, uma vez libertados no ambiente, não podem ser biodegradados. As fontes de contaminação por metais são variadas, incluindo instalações de revestimento de metais, fabrico de baterias e práticas agrícolas intensivas que envolvem a utilização de fertilizantes. Têm sido utilizadas várias tecnologias para descontaminar as águas residuais, incluindo a precipitação química, a filtração por membranas, os processos biológicos e a permuta iónica. No entanto, estes métodos têm desvantagens, como os elevados custos dos reagentes, o consumo de energia e a produção de lamas. Entre os métodos de tratamento desenvolvidos, a adsorção surge como uma das técnicas mais promissoras para a remoção de poluentes de soluções aquosas. A eficiência da adsorção depende tanto da natureza do adsorvente como do sorbato. Consequentemente, numerosos estudos investigaram a utilização de resíduos agrícolas como biossorventes alternativos, tais como Hibiscus, Tecoma stans, Fire crack e Chrysanthemum. Os resíduos de Hibiscus, Tecoma stans, Fire crack e Chrysanthemum, facilmente disponíveis nas indústrias de sumos e de moagem de arroz, respetivamente, estão a ser explorados pelo seu potencial na remoção de poluentes de águas residuais devido ao seu baixo custo e abundância. Este estudo centra-se na preparação de diferentes biossorventes a partir de Hibiscus, Tecoma stans, Fire crack e Chrysanthemum através de modificações físico-químicas para facilitar a sua utilização na remoção de sulfatos, nitratos, amoníaco e dureza de soluções aquosas. Além disso, a cinética de adsorção foi examinada para identificar o modelo cinético que melhor se adapta aos dados experimentais.

6.1Analisando diferentes localizações de Água

Um dos principais poluentes da água são os sulfatos, os nitratos, o amoníaco e a dureza. Para remover estes sulfatos, nitratos, amoníaco e dureza, estamos a utilizar alguma flora e alguns materiais sólidos que recolhemos em diferentes locais. Recolhemos flores (Mari gold, Hibiscus, Chrysanthemum, Fire crack, Tacoma stans) de templos

Para testar e remover os sulfatos, nitratos, amoníaco e dureza, recolhemos a água nos locais abaixo mencionados: Kawtharam, Gudivada (Bethavolu), Machilipatnam (Hussain palm), Gudlavalleru (Main Road).

Fig- 6.9 Diferentes locais de recolha de amostras de água

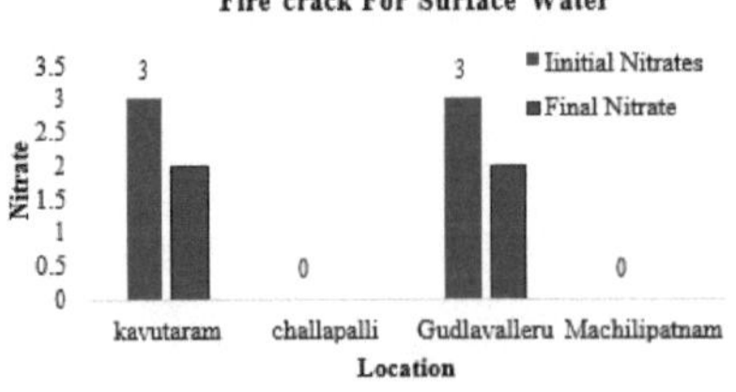

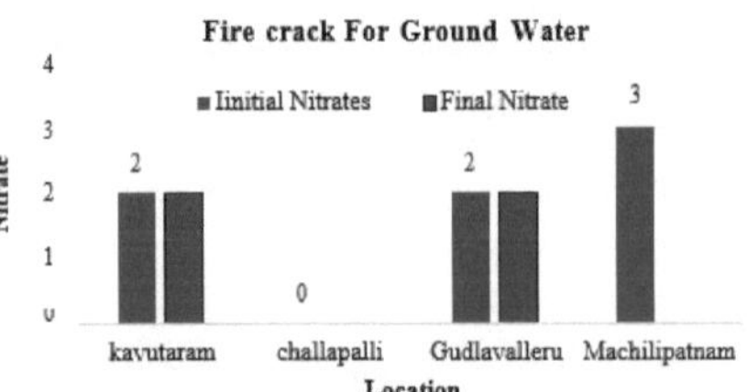

Fig 6.9.1 Teor inicial e final de nitratos nas águas superficiais e subterrâneas

Teor inicial de nitratos nas águas superficiais de Challapalli - 0mg/l, Kavuthram- 3mg/l, Gudlavalleru - 3mg/l, Machilipatnam - 0mg/l. A utilização do bioadsorvente Tecoma stans permite eliminar o teor de dureza das águas dos locais acima referidos. Teor final de dureza das águas superficiais de Challapalli -0 mg/l, Kavuthram - 2mg/l, Gudlavalleru - 2mg/l, Machilipatnam -0mg/l. A ordem da percentagem de remoção da dureza é a seguinte: Kavuthram 3= Gudlavalleru 3mg/l = Machilipatnam 0mg/l = challapalli 0mg/l >

Teor inicial de dureza das águas subterrâneas em Challapalli - 0mg/l, Kavuthram- 2mg/l, Gudlavalleru -2mg/l, Machilipatnam - 3mg/l. A utilização do bioadsorvente Tecoma stans permite eliminar o teor de dureza das águas dos locais acima referidos. Teor final de dureza das águas subterrâneas em Challapalli - 0mg/l, Kavuthram - 2mg/l, Gudlavalleru - 2mg/l, Machilipatnam -3mg/l. A ordem da percentagem de remoção da dureza é a seguinte: Machilipatnam 3mg/l> Gudlavlleru 2mg/l=Kavutaram 2mg/l> Challapalli 0mg/l.

A partir da figura, podemos observar que uma grande quantidade de nitratos é removida da amostra de água que é recolhida em Gudlavalleru.

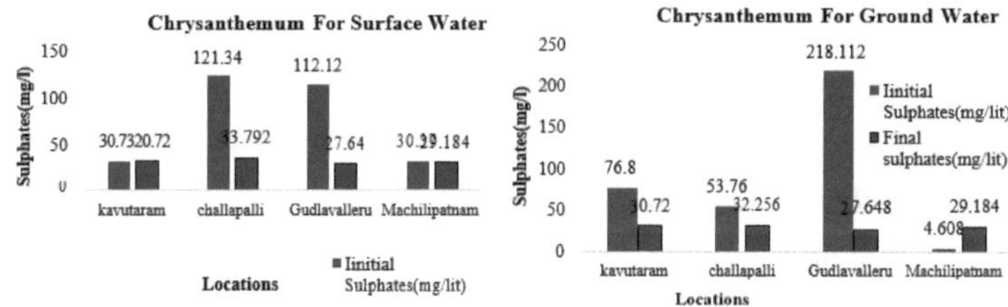

Fig -6.9.2 Teor inicial e final de sulfatos nas águas superficiais e subterrâneas

Teor inicial de sulfatos nas águas superficiais de Challapalli - 121,34mg/l, Kavuthram - 30,7mg/l, Gudlavalleru - 112,12mg/l, Machilipatnam - 30,32mg/l. A utilização de bioadsorvente de crisântemo permite eliminar o teor de sulfatos das águas dos locais acima referidos. Teor final de sulfatos nas águas superficiais de Challapalli - 33,792mg/l, Kavuthram - 30,72mg/l, Gudlavalleru - 27,64mg/l, Machilipatnam -79,182mg/l. A ordem de remoção percentual de sulfatos é encontrada como challapalli 121,34%> Gudlavalleru 112,12%mg/l >Machilipatnam 30,32mg/l > Kavuthram 30,72%.

Teor inicial de sulfatos nas águas subterrâneas de challapalli - 53,76mg/l, Kavuthram-

76,8mg/l, Gudlavalleru -218,112mg/l, Machilipatnam - 4,608mg/l. A utilização de bioadsorvente de crisântemo permite eliminar o teor de amoníaco das águas dos locais acima referidos. Teor final de sulfatos nas águas subterrâneas de Challapalli - 0mg/l, Kavuthram - 0mg/l, Gudlavalleru - 0mg/l, Machilipatnam -3mg/l. A ordem de remoção percentual de sulfatos é encontrada como Gudlavlleru 218.12mg/l>Kavutaram 76.8mg/l>Challapalli 53.76mg/l>machilipatnam 4.608mg/l.

Apartir da figura, podemos observar que uma grande quantidade de sulfatos é removida da amostra de água que é recolhida em Challapalli.

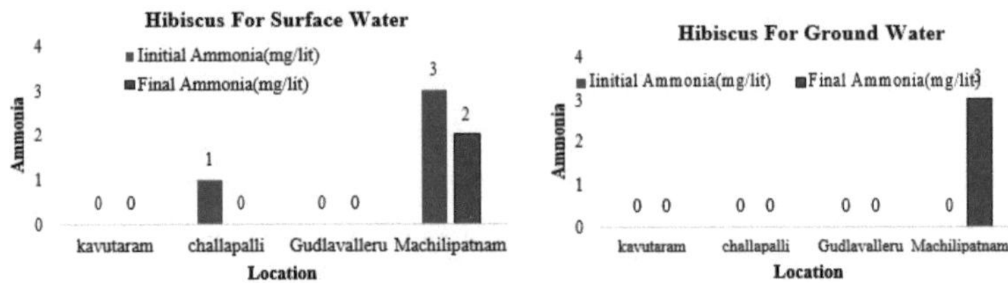

Fig - 6.9.3 Teor inicial e final de amoníaco nas águas superficiais e subterrâneas

Teor inicial de amoníaco das águas superficiais de challapalli - 1mg/l, Kavuthram- 0mg/l, Gudlavalleru - 0mg/l, Machilipatnam - 3mg/l. A utilização do bioadsorvente Hibiscus permite eliminar o teor de amoníaco das águas dos locais acima referidos. Teor final de amoníaco nas águas superficiais de Challapalli - 0mg/l, Kavuthram - 0mg/l, Gudlavalleru - 0mg/l, Machilipatnam - 2mg/l. A ordem da percentagem de remoção de amoníaco é Machilipatnam 3>challapalli 1mg/l> Gudlavalleru 0%= Kavuthram 0%.

Teor inicial de amoníaco nas águas subterrâneas de Challapalli - 1mg/l, Kavuthram- 0mg/l, Gudlavalleru -0mg/l, Machilipatnam - 0mg/l. A utilização do bioadsorvente Hibiscus permite eliminar o teor de amoníaco das águas dos locais acima referidos. Teor final de amoníaco nas águas subterrâneas de Challapalli - 0mg/l, Kavuthram - 0mg/l, Gudlavalleru - 0mg/l, Machilipatnam -3mg/l. A ordem da percentagem de remoção de amoníaco é Machilipatnam 3>challapalli 0mg/l= Gudlavalleru 0%= Kavuthram 0%

Apartir da figura, podemos observar que uma grande quantidade de amoníaco é removida da amostra de água que é recolhida em Machilipatnam.

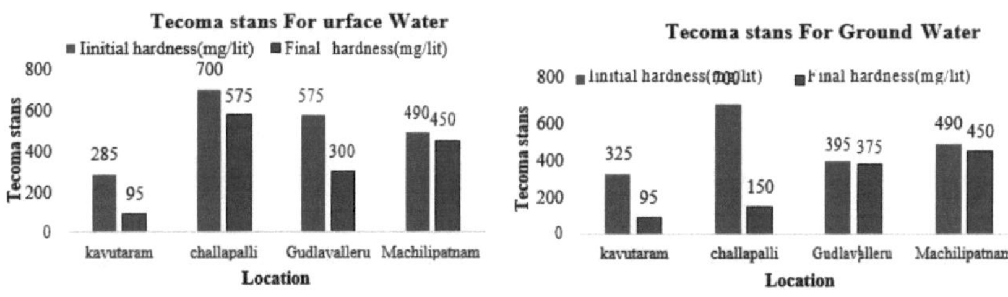

Fig - 6.9.4 Teor inicial e final de Tecoma stans nas águas superficiais e subterrâneas

Teor inicial de dureza das águas superficiais de challapalli - 700mg/l, Kavuthram- 285mg/l, Gudlavalleru - 575mg/l, Machilipatnam - 490mg/l. A utilização do bioadsorvente Tecoma stans permite eliminar o teor de dureza das águas dos locais acima referidos. O teor final de dureza das águas superficiais de Challapalli é de 575 mg/l, Kavuthram de 95 mg/l, Gudlavalleru de 300 mg/l e Machilipatnam de 450 mg/l. A ordem da percentagem de remoção da dureza é a seguinte: challapalli 700mg/l> Gudlavalleru 575mg/l >Machilipatnam 490mg/l > Kavuthram 285mg/l. Teor inicial de dureza da água subterrânea para challapalli - 700mg/l, Kavuthram- 325mg/l, Gudlavalleru -395mg/l, Machilipatnam - 490mg/l. A utilização do bioadsorvente Tecoma stans permite eliminar o teor de dureza das águas dos locais acima referidos. O teor final de dureza das águas subterrâneas de Challapalli é de 150 mg/l, Kavuthram de 95 mg/l, Gudlavalleru de 375 mg/l e Machilipatnam de 450 mg/l. A ordem da percentagem de remoção da dureza é a seguinte: Challapalli 700mg/l>machilipatnam 490mg/l Gudlavlleru 395mg/l>Kavutaram 325mg/l>.

A partir da figura, podemos observar que uma grande quantidade de dureza é removida da amostra de água que é recolhida em Challapalli.

CAPÍTULO-7 CONCEPÇÃO DA FILTRAGEM

A filtração é uma das fases fundamentais do tratamento da água e das águas residuais que todos os profissionais do sector devem conhecer e compreender. A filtração é o processo em que as partículas sólidas num fluido líquido ou gasoso são removidas através da utilização de um meio filtrante que permite a passagem do fluido, retendo as partículas sólidas. Pode significar a utilização de uma barreira física, química e/ou um processo biológico. A remoção de partículas é efectuada através de processos que incluem: filtração, floculação, sedimentação e captura de superfície. Os requisitos básicos são: um meio filtrante (barreiras finas ou espessas); um fluido com sólidos em suspensão; uma força motriz para fazer fluir o fluido; e um filtro que segura o meio filtrante, contém o fluido e permite a aplicação de força.

PROJECTO DE TANQUE:

1. Diâmetro do tanque 70 cm e altura 165 cm.
2. Capacidade do depósito 635 litros
3. Dividido em 4 câmaras com três filtros
4. 1st altura da câmara 35 cm
5. 2nd altura da câmara 35 cm
6. 3rd altura da câmara 55 cm
7. 4th altura da câmara 40 cm
8. No filtro superior são colocados agregados de diferentes tamanhos.
9. E no filtro de carvão do meio foram colocados

Fig -7.1 Tanque de filtração

CONCEPÇÃO DOS FILTROS :

1. FILTRO DE AGREGADOS:

As águas residuais são submetidas a uma filtração utilizando vários tamanhos de agregados grossos e finos num tanque de filtração com uma capacidade superior a 100 litros. A experiência utiliza métodos padronizados para avaliar o impacto do tamanho do agregado na remoção de sólidos suspensos e outras partículas.

O filtro de agregados foi concebido com diferentes tamanhos de agregados. A espessura do meio agregado é de cerca de 20 cm de altura e o diâmetro do meio agregado é de cerca de 60 cm.

Fig - 7.2 Filtro de agregados

2. FILTRO DE CARVÃO VEGETAL:

Introduz uma camada de carvão ativado no fluxo de água, implementando condições controladas para avaliar as suas capacidades de adsorção e influência na qualidade da água. Os poluentes específicos visados nesta fase incluem compostos orgânicos e potenciais toxinas

O filtro de carvão vegetal foi concebido com diferentes tamanhos de carvão vegetal. A espessura do meio de carvão vegetal é de cerca de 20 cm de altura e o diâmetro do meio de carvão vegetal é de cerca de 60 cm.

Fig -7.3 Filtro de carvão vegetal

3. FILTRO BIOSSORVENTE:

O foco passa a ser a esterilização utilizando biossorventes derivados de pó de cascas de flores e frutas. A água é submetida a repetidos repatriamentos, misturada com uma solução de cascas de frutos e flores, agitada com a ajuda de um ventilador com motor elétrico. Estes biossorventes são selecionados devido à sua composição natural e à sua eficácia potencial para combater os contaminantes microbianos. Esta etapa inscreve-se no objetivo mais vasto de obter uma água microbiologicamente segura.

Após a conclusão do processo de filtração, é efectuada uma segunda série de testes à água filtrada. Estes testes pós-projeto visam avaliar a eficiência do sistema de filtração e quantificar a redução de poluentes conseguida através da abordagem em várias fases. Os resultados dos testes de água pré-projeto e pós-projeto são então comparados, fornecendo uma avaliação abrangente do impacto do projeto na qualidade da água.

Fig -7.4 Filtro biossorvente

FILTRAÇÃO PROCESSO

1. Inicialmente, os agregados e o carvão foram limpos com água potável.
2. Os agregados limpos que foram peneirados com crivos de 10 mm, 6,3 mm e 4,75 mm foram colocados na malha superior, com uma altura de 10 cm.
3. O carvão limpo foi colocado na segunda rede com uma altura de 10 cm.
4. Depois de colocar todos os materiais nas câmaras, a água que foi recolhida no laboratório foi vertida no tanque.
5. Devido à colocação de agregados e carvão, os metais em suspensão e alguns metais são removidos das águas residuais
6. Na última câmara, colocamos diferentes biossorventes e carvão ativado, que são úteis para diminuir diferentes parâmetros.
7. Foi recolhida uma amostra de água filtrada e foram efectuados os testes necessários.
8. Repetir o procedimento para o número de ciclos.

Quadro 7.1- AGREGADOS (20cm de altura) E CARVÃO (10cm de altura)

Lista de testes	Amostra em bruto	1º Ciclo	2º Ciclo
PH	7.38	8.18	8.01
Turbidez	17.7	58.4	58.4
Condutividade	1.22	1.89	1.42
Fluoretos	0	0	0
Amoníaco	3	3	3
Fosfato	0	0	0
Nitrato	5	5	5
Nitritos	0.5	0.5	0.5
Ferro	5	5	5
Sulfatos	435.84	518.4	257.28
Acidez	120	0	75
Alcalinidade	190	50	50
Cloretos	437.48	477.48	292.49
Dureza	605	350	285
TDS	8.5	32	32

Tabela 7.2-SUGARCANA (1Kg) e MARIGOLD (1Kg)

Lista de testes	Química amostra	1° Ciclo	2° Ciclo	3° Ciclo	4° Ciclo
PH	2.49	2.84	2.86	3.8	4.1
Turbidez	397	306	298	290	283
Condutividade	35.49	33.94	32.7	32.3	31.9
Fluidos	1.5	1.5	1.5	1	1
Amoníaco	1	3	3	3	3
Fosfato	0.5	0.5	0	0.5	0.5
Nitrato	5	0	0	0	0
Nitritos	0	0	0	0	0
Ferro	5	5	5	5	5
Sulfatos	101.76	38.4	36.4	105.6	92.16
Acidez	3950	3450	3300	3700	2950
Alcalinidade	1500	100	100	150	125
Cloretos	2675 D	2299.93	2249.43 D	4667.36 D	3999.88 D
Dureza	2560 D	2550 D	2550 D	1000 D	1250 D
TDS	950	103.5	59	30	25

A partir das tabelas acima 4th ciclo é o melhor resultado de remoção, podemos observar que uma grande quantidade de sulfatos, nitratos, fosfatos, dureza, turbidez, pH, alcalinidade, acidez, cloretos, fluoretos, ferro e amoníaco são removidos da amostra de água que é recolhida em Vijayawada e vuyyuru fábrica de açúcar

CAPÍTULO -8

8. REGENERAÇÃO DE VÁRIOS BIOSSORVENTES MATERIAIS

Finalmente, é importante ter em conta a regeneração dos biossorventes para uma melhor utilização dos mesmos. Assim, a regeneração do biossorvente com uma quantidade mínima de metal pesado residual e, consequentemente, a reutilização da biomassa são importantes para a implementação económica do processo. O objetivo desta investigação é otimizar a utilização do biossorvente de ferro e fósforo de soluções aquosas através de ciclos sucessivos de biossorção-dessorção numa coluna de leito fixo. Nos tempos de exaustão e de rutura, observa-se que o comportamento é semelhante ao da capacidade de biossorção. A regeneração do biossorvente esgotado que apresentou a melhor capacidade de biossorção em modo contínuo foi medida em vários ciclos de sorção-dessorção utilizando uma solução de dessorção óptima. A regeneração do biossorvente e a sua reutilização em vários ciclos de biossorção-dessorção é um aspeto importante do ponto de vista das suas aplicações reais. No entanto, o interesse da regeneração do biossorvente depende de muitos aspectos como o custo do processo, a dispensabilidade do biossorvente, o valor do metal recuperado, etc. Estes resultados são muito interessantes de um ponto de vista industrial para escolher o tempo operacional ótimo do processo de dessorção. A regeneração é normalmente efectuada utilizando vários agentes eluidores (ácidos ou bases) através de diferentes mecanismos de dessorção para libertar os iões de metais pesados adsorvidos para a solução [58-60]. A utilização destes materiais proporciona uma série de benefícios, graças ao facto de serem respeitadores do ambiente. Por conseguinte, são necessários mais estudos para garantir a segurança do processo de regeneração e para avaliar a sua influência no ambiente

CRISÂNTEMO

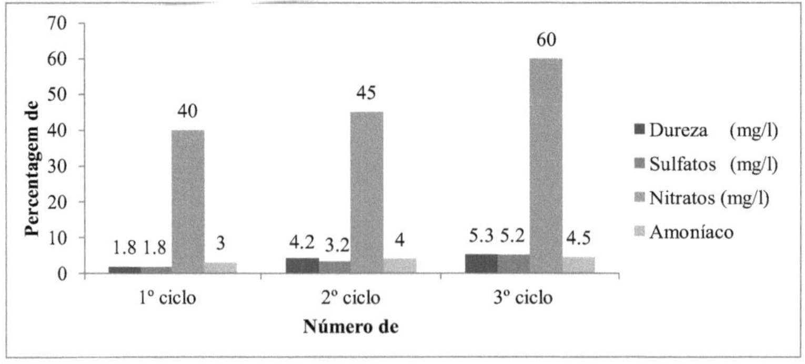

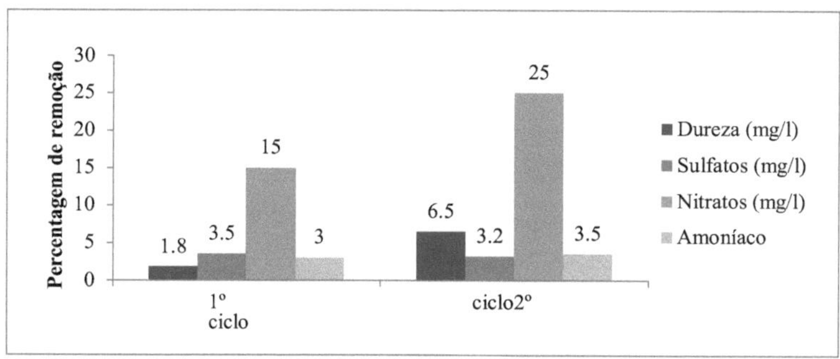

Fig- 8.1 Regeneração do crisântemo

Regeneração parte 1st valor do ciclo dureza 1,8mg/l, sulfatos 3,5mg/l, nitratos 15mg/l e amoníaco 3mg/l .2nd valores do ciclo são dureza 6,5mg/l, sulfatos 3,2mg/l, nitratos 25mg/l e amoníaco 3,5mg/l.

TECOMA STANS

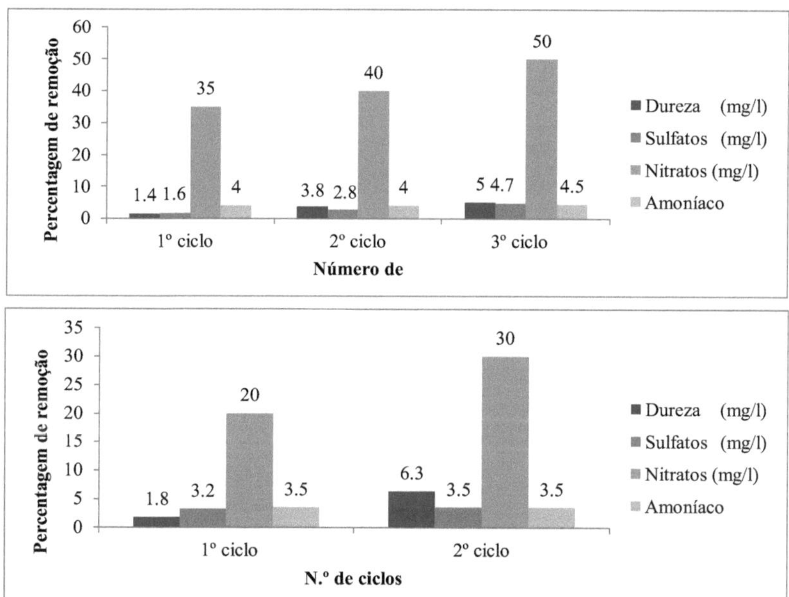

Fig-8.2 Regeneração de Tecoma stans

Regeneração parte 1st valor do ciclo dureza 1,8mg/l, sulfatos 3,2mg/l, nitratos 20mg/l e amoníaco 3,5mg/l .2nd valores do ciclo são dureza 6,3mg/l, sulfatos 3,5mg/l, nitratos 30mg/l e amoníaco 3,5mg/l.

FOGO CRACK

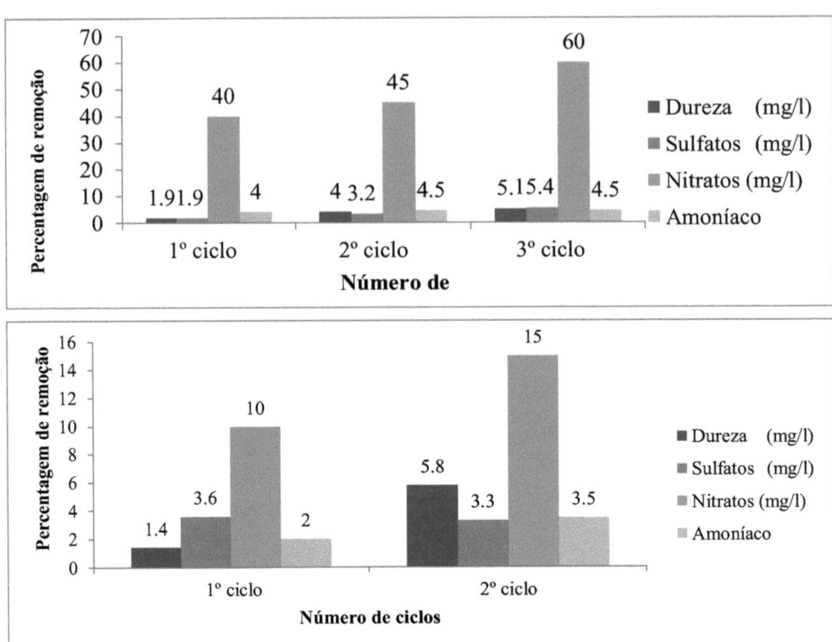

Fig -8.3Regeneração de fissuras de incêndio

Regeneração parte 1st valor do ciclo dureza 1,4mg/l, sulfatos 3,6mg/l, nitratos 10mg/l e amoníaco 2mg/l .2nd valores do ciclo são dureza 5,8mg/l, sulfatos 3,3mg/l, nitratos 15mg/l e amoníaco 3,5mg/l.

HIBISCO

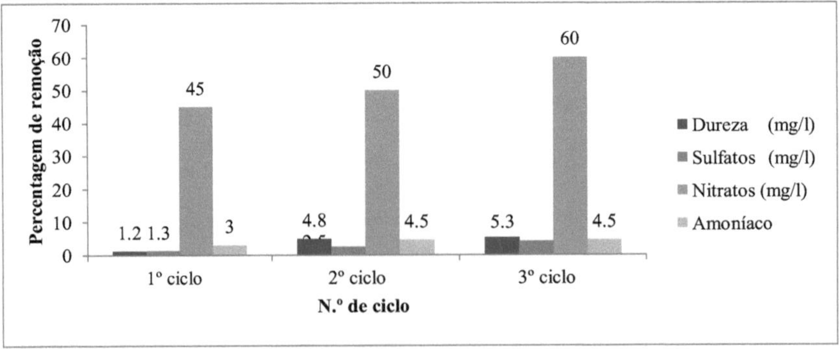

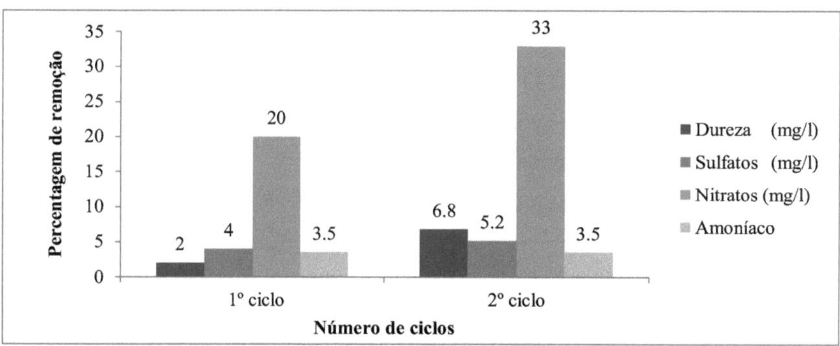

Fig -8.4 Hibisco

Regeneração parte 1st valor do ciclo dureza 2mg/l, sulfatos 4mg/l, nitratos 20mg/l e amoníaco 3,5mg/l .2nd valores do ciclo são dureza 6,8mg/l, sulfatos 5,2mg/l, nitratos 33mg/l e amoníaco 3,5mg/l.

A partir destes dados, observamos que os melhores valores do ciclo são dureza 6,3mg/l, sulfatos 5,2mg/l, amoníaco 4,5mg/l e nitrato 60,mg/l.

CAPÍTULO -9

ÂMBITO DO TRABALHO FUTURO

A determinação e a remoção de sulfatos, nitratos, dureza e amoníaco da água utilizando técnicas de biossorção é o objetivo desta atividade de estudo que está agora a ser realizada. O objetivo final destas experiências é conceber um método infalível para a remoção de sulfatos, nitratos, dureza e amoníaco da água ou das águas residuais, utilizando biossorventes potentes como o crisântemo, o fire crack, o tecoma stans e o hibisco. A biossorção de sulfatos, nitratos, dureza e amoníaco de águas poluídas é bastante promissora devido à sua compatibilidade com o ambiente natural e ao seu baixo custo. A fim de obter os valores experimentais que podem ser utilizados para a conceção de uma estação de tratamento no terreno, é possível utilizar as muitas experiências diferentes que são realizadas no laboratório. A presente investigação teve em conta uma variedade de factores, incluindo o pH, a temperatura, o período de tempo, a velocidade de agitação e a quantidade de biossorventes utilizados para cada tipo de biossorvente. Uma vez que os materiais biossorventes estão mais facilmente disponíveis e são mais baratos, a avaliação da capacidade dos biossorventes para remover sulfatos, nitratos, dureza e amoníaco da água é de relevância mundial. A utilização de vários biossorventes, como o crisântemo, para remover sulfatos, nitratos, dureza e amoníaco da água poluída foi analisada e comparada nesta investigação. O bioadsorvente flor teve os melhores resultados entre eles na eliminação de sulfatos, nitratos, amoníaco e dureza. A eficácia das percentagens de remoção pode ser aumentada através da otimização dos diferentes parâmetros numa variedade de cenários, com a utilização de equipamento contemporâneo, o que pode ser considerado uma potencial área de interesse futuro.

CAPÍTULO-10 CONCLUSÃO

A biossorção é o método mais ecológico de tratamento de águas residuais que contêm ferro, sulfatos e nitratos, bem como amoníaco, dureza, fluoretos, cloretos ou fósforo. Os resultados são rápidos e eficazes. As águas residuais podem ser tratadas em diferentes templos, utilizando os vários tipos de flores. Este método é utilizado não só para o tratamento de águas residuais que contêm elevados níveis de ferro, sulfatos e outros produtos químicos, mas também de águas agrícolas. Este processo pode ser utilizado para tratar água contaminada com ferro, sulfatos e nitratos, bem como com dureza, fluoretos, cloretos ou fósforo em templos onde se preparam detergentes e barras para lavar loiça. Trata-se de uma abordagem económica e de baixo custo. Os bio-sorventes que eliminam o ferro, os sulfatos e os nitratos da água têm propriedades físicas, químicas e biológicas distintas. O impacto do tempo, da temperatura, da luz, do oxigénio dissolvido e de outras concentrações de minerais em ambientes naturais abertos deve ser compreendido.

Utilizando a biossorção, é possível eliminar cloretos, sulfatos e nitratos da água sem prejudicar o equilíbrio do pH do cloro ou de outros oligoelementos. A fim de remover cloretos, sulfatos e nitratos da água contaminada, são utilizados cinco materiais biossorventes, incluindo Mari gold, Hibiscus, Chrysanthemum, Tecoma stans, bem como o Fire crack. A remoção de cloretos, sulfatos e nitratos da água contaminada é testada utilizando bioadsorventes como Mari gold, Hibiscus, Tecoma stans e material Fire crack. Este método demonstrou ter os melhores resultados na eliminação de fosfatos (i.e. A temperatura óptima, o nível de pH, o tempo de contacto e a velocidade de agitação são utilizados para determinar o material biossorvente de Crisântemo, Hibisco, Cracho de fogo e Tecoma stans. Crisântemo, calêndula, Tecoma stans, Fire crack e Hibiscus bio- adsorvente; testado em várias condições óptimas para a remoção de dureza, sulfatos, nitratos e amoníaco.

Parâmetros do Hibisco

1. Com a utilização do Hibiscus, é possível obter uma remoção de amoníaco de 60%.
2. A temperatura para este processo é de 35-60C.
3. O pH para este processo é de 6-8.
4. O tempo de contacto para este processo é de 60 minutos
5. Velocidade de agitação 120 minutos

Parâmetros de Tecoma stans

1. Utilizando o Tecoma stans, é possível obter uma remoção de dureza de 82,3s%.
2. A temperatura para este processo é de 35-60C.

3. O pH para este processo é de 6-8.
4. O tempo de contacto para este processo é de 60 minutos
5. Velocidade de agitação 120minutos Parâmetros de Chrysamthemum
1. Com a utilização do crisântemo, é possível obter uma remoção de sulfatos de 96,4%.
2. A temperatura para este processo é de 35-60C.
3. O pH para este processo é de 6-8.
4. O tempo de contacto para este processo é de 60 minutos
5. Velocidade de agitação 120minutos Parâmetros da fissura de fogo
1. Utilizando o Fire crack, é possível obter uma remoção de nitratos de 99,4%.
2. A temperatura para este processo é de 35-60C.
3. O pH para este processo é de 6-8.
4. O tempo de contacto para este processo é de 60 minutos
5. Velocidade de agitação 120 minutos

A biossorção constitui uma alternativa atractiva aos tratamentos convencionais, atraindo nos últimos anos uma atenção considerável devido às suas importantes vantagens, como a economia, a elevada eficiência, a ausência de produção de lamas e a remoção completa dos contaminantes. Este estudo ajuda a selecionar inicialmente vários meios bio-sorventes para a criação de estações de tratamento posteriores, quer a nível da comunidade do templo quer a nível doméstico, em países desenvolvidos, em desenvolvimento e subdesenvolvidos.

REFERÊNCIAS

❖ Ames, L.L. e Robert, B. 1970. Remoção de fósforo de efluentes em colunas de alumina. Journal of Water Pollution Control Federation 42(5), 161-172.

❖ Batchelor, B. e Dennis, R. 1987. Um modelo de complexo de superfície para adsorção de componentes vestigiais de águas residuais. Journal of the Water Pollution Control Federation 59(12), 1059- 1068.

❖ Choi, J.W., Lee, S.Y., Park, K.Y., Lee, K.B., Kim, D.J. e Lee, S.H. 2011. Investigação da remoção de fósforo de águas residuais através da troca iónica de mesoestrutura baseada em material inorgânico. Desalination 266 (1-3), 281-285.

❖ Boujelben, N., Bouzid, J., Elouear, Z., Feki, M., Jamoussi, F. e Montiel, A. 2008. Remoção de fósforo de soluções aquosas utilizando sorventes naturais e artificiais revestidos com ferro. Journal of Hazardous Materials 151(1), 103-110.

❖ Boisvert, J.P., To, T.C., Berrak, A. e Jolicoeur, C. 1997. Adsorção de fosfato em processos de floculação de sulfato de alumínio e sulfato de poli-alumínio-silicato. Water Research 31(8), 1939-1946.

❖ Brattebo, H. e Odegaard, H. 1986. Remoção de fósforo por alumina activada granular. Water Research 20(8), 977- 986.

❖ Yee, W.C. 1966. Remoção selectiva de fosfatos mistos por alumina activada. American Water Works Association, 58(2), 239-247.

❖ Huang, S.H. e Chiswell, B. 2000. Remoção de fosfato de águas residuais utilizando lamas de alúmen usadas. Water Science and Technology 42(3-4), 295-300.

❖ Korngold, E. 1973. Remoção de nitratos da água potável por permuta iónica. Water, Air and Soil Pollution 2(1), 15-22.

❖ Devi, O.S. e Ravindhranath, K. 2012. Controlo do cromato em águas poluídas: Uma abordagem biológica. Jornal Indiano de Proteção Ambiental 32(11), 943-951.

❖ Kumari, A.A. e Ravindhranath, K. 2012. Extração de iões de alumínio (III) de águas poluídas utilizando bio-sorventes derivados de plantas de acácia melanoxylon e eichhornia crassipes. Jornal de Investigação Química e Farmacêutica 4(5), 2836- 2849.

❖ Ravulapalli, S. e Ravindhranath, K. 2017. Estudos de desfluoretação utilizando carbono ativo derivado das cascas da planta Ficus racemosa. Journal of Fluorine Chemistry 193, 58-66.

❖ Divya, J.M., Kiran, K.R. e Ravindhranath, K. 2012. Novos biossorventes no controlo da poluição por fosfato em águas residuais. Revista Internacional de Ciências Ambientais

Aplicadas 7(2), 127-140.

❖ Rao, Y.H. e Ravindhranath, K. 2015. Novas metodologias no controlo da poluição por fosfato: Utilizando bio-sorventes derivados das plantas Terminalia arjuna e Madhuca indica. Revista Internacional de Investigação Química 8(12), 784-796.

❖ Rao, Y.H., Kiran, K.R. e Ravindhranath, K. 2012. Extração de alguns iões poluentes utilizando diferentes biomassas em tanques de oxidação, Journal of Chemical and Pharmaceutical Research 6(9), 48-54.

❖ Karageorgiou, K., Paschalis, M. e Anastassakis, G.N. 2007. Remoção de espécies de fosfato de uma solução por adsorção em calcite utilizada como adsorvente natural. Journal of Hazardous Materials 139(3), 447-452.

❖ Biswas, B.K., Inoue, K. e Ghimire, K.N. 2007. A adsorção de fosfato de um ambiente aquático utilizando resíduos de laranja carregados de metal. Journal of Colloid and Interface Science 312(2), 214-223.

❖ Agyei, N.M., Strydom, C.A. e Potgieter, J.H. 2002. A remoção de iões de fosfato de uma solução aquosa por cinzas volantes, escórias, cimento portland normal e misturas relacionadas. Cement and Concrete Research 32(12), 1889-1897.

❖ Chen, M., Huo, C., Li, Y. e Wang, J. 2016. Adsorção selectiva e remoção eficiente de fosfato de meio aquoso com compósito de grafeno-lantânio. ACS Sustainable Chemistry and Engineering 4(3), 1296-1302.

❖ Kurzbaum, E. e Shalom, O.B. 2016. O potencial de remoção de fosfato de águas residuais de laticínios e efluentes de águas residuais municipais usando uma bentonita modificada com lantânio. Applied Clay Science 123, 182-186.

❖ Chen, J., Yan, Y.G. e Yu, H.Q. 2016. Remoção eficiente de fosfato por diatomita magnética preparada de forma fácil e argila de ilita de solução aquosa. Chemical Engineering Journal 287, 162-172.

❖ Balaji, R., Sasikala, S. e Muthuraman G. 2014. Remoção de ferro da água potável / subterrânea usando resíduos agrícolas como adsorventes naturais. Jornal Internacional de Engenharia e Tecnologia Inovadora 3(12), 43-46.

❖ Baharudin, F., Tadza, M.Y.M., Imran, S.N.M. e Jani, J. 2018. Remoção de ferro e manganês em águas subterrâneas usando biossorvente natural. IOP Conf. Series: Ciências da Terra e do Ambiente 140, 012046.

Printed by Books on Demand GmbH, Norderstedt / Germany